Jan Gehl
Cities for People

人間の街
公共空間のデザイン

ヤン・ゲール 著
北原理雄 訳

鹿島出版会

Cities for People by Jan Gehl
Copyright ©2010 Jan Gehl
Published by arrangement with Island Press
Translation copyright ©2014 Toshio Kitahara
Published by arrangement with Island Press, Washington, DC
Through Tuttle-Mori Agency, Inc., Tokyo

何よりも歩く意欲を失ってはならない。日々、歩くことによって健康状態を保ち、すべての患いから遠ざかる。歩くことによってよき思索に導かれ、心を煩わす思いも、すべて歩くことによって取り去られる。

セーレン・オービエ・キェルケゴール
哲学者
1813-1855

目　次

006　　　序文　リチャード・ロジャース

007　　　はしがき

009　第1章　人間の次元
010　　1.1　人間の次元
016　　1.2　私たちが街をつくる──そして街が私たちをつくる
026　　1.3　出会いの場所としての街

039　第2章　感覚とスケール
040　　2.1　感覚とスケール
054　　2.2　感覚とコミュニケーション
062　　2.3　攪乱されたスケール

069　第3章　生き生きした、安全で、持続可能で、健康的な街
070　　3.1　生き生きした街
098　　3.2　安全な街
112　　3.3　持続可能な街
118　　3.4　健康的な街

125	**第4章 目の高さの街**
126	4.1 質をめぐる闘いは小さなスケールで
127	4.2 歩くのに適した街
142	4.3 時を過ごすのに適した街
156	4.4 出会いに適した街
166	4.5 自己表現、遊び、運動
170	4.6 良質な場所、快適なスケール
176	4.7 目の高さに良好な気候条件を
184	4.8 美しい街、すてきな体験
190	4.9 自転車利用に適した街

201	**第5章 アクティビティ、空間、建築——この順序で**
202	5.1 ブラジリア症候群
206	5.2 アクティビティ、空間、建築——この順序で

221	**第6章 第三世界の街**
222	6.1 第三世界の街
236	6.2 人間の次元——世界共通の出発点

239	**道具箱**

255	**付録**
256	注釈
263	参考文献
267	図版出典
268	訳者あとがき
270	索引

序文

　街は、人びとが出会って意見を交換し、売り買いし、くつろぎ、楽しく時を過ごす場所である。街路、広場、公園など、街の公共領域はこうした活動の舞台であり、触媒である。公共空間デザインの第一人者であるヤン・ゲールは、人びとによる公共領域の利用法を深く理解している。そして、公共空間のデザインを改善し、ひいては街のアクティビティの質を向上させるのに必要な手段を私たちに教えてくれる。

　コンパクトシティ、すなわち公共交通機関と徒歩と自転車を軸にした開発は、環境面で持続可能な唯一の都市形態である。しかし、人口密度を高め、歩行と自転車利用を普及させるためには、入念に計画された美しい公共空間を質、量ともに充実させる必要がある。そうした空間は、人間的スケールを備え、持続可能で健康的で安全で生き生きしたものでなければならない。

　街は、書物と同じように読むことができる。ヤン・ゲールはその言語を理解している。街路、歩行者路、広場、公園は街の文法である。それらが街に構造を与え、その構造によって街は生気を帯び、静かで瞑想的なものから騒々しくせわしないものまで、さまざまな活動を促し、また受け入れる。注意深くデザインされた街路、広場、公園を備えた人間味のある街は、訪問者や通行人を満足させるだけでなく、そこで日々の暮らしを送り、働き、遊ぶ人びとに喜びをもたらす。誰にでも清潔な水を手に入れる権利が必要なように、オープンスペースを自由に利用する権利が必要である。誰もが窓から木立を眺め、家のそばでベンチに座って子供たちの遊ぶ姿を眺め、公園まで歩いて10分のところに住めるようにすべきである。すぐれたデザインの住宅地区は人びとの定住意識を育てるが、劣悪なデザインの街は住民の心をすさませる。ヤンが言うように「私たちが街をつくり、街が私たちをつくる」。

　公共空間の形態と利用を、ヤン・ゲールほど深く考察した者はいない。彼は、公共空間と市民社会の関係、また両者の密接な混交を驚くほど鋭敏に理解している。本書の読者は、その理解に対する貴重な洞察を得ることができるだろう。

2010年2月　ロンドンにて
リチャード・ロジャース
リバーサイド男爵

はしがき

　私は1960年に大学を卒業し、建築家の道を歩みだした。それ以来50年間、都市開発に従事してきた。これは確かに恵まれた経歴だが、けっして平坦な道ではなかった。
　この半世紀のあいだに、都市の計画と開発のあり方が劇的なまでに性格を変えた。1960年までは、何世紀にもわたって蓄積された経験に基づいて世界中の都市が開発されていた。都市空間のアクティビティはこの豊かな経験の欠かすことのできない一部であり、人間のために街をつくるのは当然のことと考えられていた。
　都市成長の拡大と歩調を合わせて、都市開発は都市計画専門家の手に全面的に委ねられるようになった。伝統に代わって、理論と観念的思想が開発の基礎になりはじめた。都市を機械と考え、空間を機能によって分離する近代主義が、大きな影響力をもつようになった。さらに交通計画家という新しい集団が、自動車交通のために最善の条件を整える理念と理論を携えて舞台に登場してきた。
　都市計画家も交通計画家も、街の空間やアクティビティにさして重要性を認めていなかった。そして長年のあいだ、物的構造が人間行動に与える影響はほとんど無視されてきた。こうした計画は、人びとの街の使い方を根底からくつがえす結果を招いた。しかし、それが認識されるのはずっと後のことである。
　総じて過去50年間の都市計画は問題の多いものだった。街のアクティビティはきわめて重要な都市機能だが、もはや伝統に任せておいて維持できるものではなく、専門家の配慮ときめ細かな計画が必要になっていた。しかし、それが認識されることはほとんどなかった。
　長い歳月を経て、現在では物的形態と人間行動の結びつきについて多くの知識が蓄積されている。何をすることができ、何をなすべきなのか。私たちはそれに関する幅広い情報を手にしている。それと同時に、都市とその住民が人間中心の都市計画を求めて積極的に活動しはじめている。近年、世界各地で多くの都市が、人間のためのよりよい街を実現すべく真剣な取り組みを進めている。無関心の日々が過ぎ、多くのめざましい計画や先駆的な都市戦略が登場し、新しい方向を指し示している。
　街のアクティビティと都市空間における人間尊重が、都市や市街地の計画できわめて重要な役割を果たす。いまや、この事実が広く受け入れられるようになった。長年、この領域は不当な扱いを受け

てきた。それだけでなく、もっと生き生きした、安全で持続可能で健康的な街を実現するうえで、街を利用する人間を大切にすることが大切な鍵であることを、これまで十分に理解してこなかった。しかし、そうした街こそが21世紀には必要不可欠とされている。

　本書がこの重要な進路変更に少しでも役立つことを願っている。

　本書は、有能で意欲的な仲間たちとの緊密な協働の産物である。彼らと仕事をするのは楽しく刺激に満ちていた。図版の編集とレイアウトを手伝ってくれたアンドレア・ハーヴとイサベル・ムケット、図面とイラストを描いてくれたカミラ・ファン・ディルス、デンマーク語から英語への翻訳を担当してくれたカレン・スティンハート、そして断固として、しかし穏やかに著者と仲間たち、また出版計画全体の舵取りをしてくれたマネージャーのビギッテ・ブンデセン・シヴァーに、心から感謝したい。

　また、場所と支援、とりわけ多くの図版を提供してくれたゲール建築事務所にも感謝したい。友人、研究仲間、世界中から快く写真を提供してくださった写真家の皆さんにもお礼を申しあげたい。

　本書の内容と編集について建設的な批評をしていただいたソルヴェイ・レイステッド、ヨン・パーペ、クラウス・ベック・ダニールセンの諸氏に感謝したい。オーフス建築大学のトム・ニールセンには、文中の一字一句まで建設的な助言をいただいた。

　ロンドンのリチャード・ロジャース卿には、貴重な序文を寄せていただいた。心からお礼申し上げたい。

　レアルダニア財団には、この計画推進の激励と資金援助をいただいた。深く感謝したい。

　最後に、最も深い感謝を心理学者である妻イングリッド・ゲールに送りたい。彼女は、1960年代初頭に私が形態とアクティビティの相互関係に着目し、それが良質な建築の重要な前提条件になるのではないかと考える契機を与えてくれた。また、この領域にもっと関心を向け、長い時間をかけて研究する必要があると示唆してくれた。その後も、イングリッドはその理想と私の双方のために惜しみない思いやりと見識を注ぎつづけてくれた。心をこめて感謝したい。

2010年2月　コペンハーゲンにて
ヤン・ゲール

人間の次元

第 1 章

人間の次元――見落とされ、無視され 排除されて

1.1 人間の次元

人間の次元
——見落とされ、無視され、排除されて

人間の次元（人間の身体や感覚に即した空間尺度）は、何十年ものあいだ都市計画の分野で見落とされ、取りあげられても場あたり的に扱われるテーマだった。一方、他の問題、たとえば急増する自動車交通への対応にはずっと強い関心が寄せられてきた。さらに主流派の計画理論、特に近代主義的理論は、公共空間、歩行者、そして都市空間が果たす人びとの出会いの場所としての役割をあからさまに軽視していた。市場原理とそれに影響された建築の潮流が、都市の相互関係や共用空間より個々の建物を重視するようになり、その過程を通じて建築は孤立の度を深め、内向的で尊大になっていった。

地球上の位置、経済力、発展段階にかかわりなく、ほとんどすべての都市に共通する特徴は、都市空間の利用者である大多数の人びとがますます軽視されているという現実である。世界中の多くの都市で、住民は貧弱な空間、障害物、騒音、汚染、事故の危険にさらされ、多くの場合、恥ずべき状態におとしめられている。

その結果、徒歩が交通手段として利用される機会が減少しただけでなく、都市空間が社会面と文化面で果たす役割が狭められてきた。都市空間は昔から住民の出会いの場所、社会的交流の場だったが、その役割が縮小され、脅かされ、排除された。

生か死か——50年にわたって

米国の雑誌記者・作家だったジェイン・ジェイコブズが1961年に『アメリカ大都市の死と生』[注1]を発表し、大きな反響を呼んでから50年になる。自動車交通の急増と近代主義の都市計画理論は、都市の用途を分離し、孤立した建物を推奨することによって、都市空間と都市生活を破壊し、人間を疎外した生気のない街をつくりだす。彼女はそう指摘した。また、ニューヨークのグリニッチヴィレッジにあった自宅での体験をもとに、生き生きした街に住み、それを満喫することのすばらしさを説得力あふれる筆致で描写した。

ジェイン・ジェイコブズは、都市建設の方法を根本から変える必要があることを強く主張した先駆者だった。人間の都市建設の歴史のなかで、初めて都市が都市空間と建物の複合体ではなくなり、個々の建物の寄せ集めに姿を変えていた。それと同時に、増えつづける自動車交通が、わずかに残った都市アクティビティを都市空間から

人間の次元と計画思潮

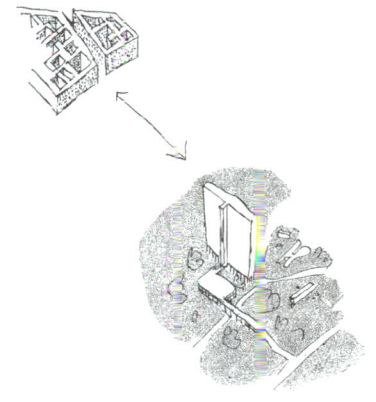

近代主義者は街と都市空間を否定し、代わりに個々の建物を重視した。この思潮が1960年ごろには世界を支配し、その原理が多くの新市街地の計画に影響を及ぼしつづけた。計画チームが建物のあいだのアクティビティを徹底的に縮小するように求められたら、近代主義的計画原理を採用するのが最も効率のよい方法である（図：ル・コルビュジエ『都市計画について』(1964年)［注2］。写真：スウェーデン・テビー、オーストラリア・メルボルン、グリーンランド・ヌーク）

締めだそうとしていた。

逆風のなかでの前進

　1961年からの50年間、多くの研究者と都市計画家が都市の生と死に関する議論に参加し、研究と論証を進めた。そして、多くの新しい知識が蓄積された。都市計画の実践の場でも、計画基準と交通計画の両面で貴重な前進が見られた。特にここ数十年、世界中の多くの街で自動車交通の優先度を抑え、歩行者と都市アクティビティの条件を改善する努力が払われてきた。

　同じくここ数十年、ニュータウンと新しい住宅地区を中心に、近代主義の都市計画規範を脱却するいくつかの興味深い試みが行われてきた。幸いなことに、孤立した建物の寄せ集めに代わって、用途を混合した活動的な街をつくることへの関心が高まってきた。

　過去50年のあいだに、交通計画の分野でも同じような発展が見

人間の次元と自動車の侵入

1960年前後、世界中で大量の自動車が都市に侵入した。それは、人びとが街のアクティビティに参加するのに必要な条件を侵食するプロセスの始まりだった。その侵食は膨大かつ激甚で、自動車の侵入が街の質に与えた損失ははかりしれない（イタリア、アイルランド、バングラデシュ）

られた。交通施設がきめ細かく計画され、自動車交通抑制策が導入され、何段階もの交通安全策が講じられた。

しかし、自動車交通は爆発的に増加しており、問題への対応がはかられているのは世界の一部地域だけで、他の地域では交通空間が膨張しつづけている。

さらに多くの努力が必要

自動車利用の増加という逆風のなかでも、いくつかの前向きの展開が見られた。たとえば、都市アクティビティがないがしろにされていた1960年代に、その再生をはかろうとした動きがそれである。

驚くにはあたらないが、進歩と改善が見られるのは主に世界の経済先進地域である。そして多くの場合、豊かな地域では近代主義の理論を採用して新しい都市開発を行い、都心に孤立した高層ビルを建設してきた。これらの華やかな新都市では、過去も現在も、人間

第1章 人間の次元　013

の次元が真剣に検討されたことはない。

　発展途上国では、人間の次元が置かれた状態ははるかに複雑で深刻である。大半の住民は、多くの日常活動のために都市空間を集約的に利用せざるを得ない。従来、都市空間はこれらの利用によく応えていた。しかし、自動車交通が急増すると、都市空間をめぐる競合が激化する。都市アクティビティと歩行者の環境は、年々悪化の一途をたどっている。

人間の次元
―― 新しい計画次元の必要性

　千年祭を終えてまもなく、都市人口が歴史上初めて地球人口の過半を占めるようになった。都市が急成長を遂げ、都市成長は今後も加速しつづけると予測されている。都市は新旧を問わず、計画と優先順位の前提を根本から変える必要に迫られている。都市を利用する人びととの要求をこれまで以上に重視することが、将来の重要な目標になるにちがいない。

　本書が都市計画における人間の次元を重視するのはこのためである。都市計画家と建築家は、歩行者中心の考え方を強化し、生き生きした安全で持続可能で健康的な街をつくる総合的な都市政策を確立しなければならない。また、都市空間が持っている出会いの場所としての社会的役割を強化し、社会の持続可能性と開放的で民主的な社会を育てることも、同様に緊急の課題である。

求む
―― 生き生きした安全で持続可能で健康的な街

　21世紀を迎え、新しい世界的課題の輪郭が浮き彫りになり、人間の次元に対してはっきりした配慮を払うことがいっそう大切になっている。生き生きした安全で持続可能で健康的な街、その理想実現への願望が広く共有され、緊急性を帯びてきた。歩行者、自転車利用者、そして都市アクティビティ一般に対する関心の高まりが、生き生きした街、安全性、持続可能性、健康という4つの主要な目標に大きな力を与えている。都市住民が日常活動のなかで自由に歩き、自転車を利用できるように、都市全域を対象に一貫した政策を実施することが必要である。それが目標達成の力強い助けになる。

生き生きした街

　街を歩き、自転車に乗り、滞留する人が増えると、生き生きした街の可能性が高まる。公共空間におけるアクティビティの重要性、特に生き生きした街と結びついた魅力や社会的・文化的機会の重要性については、章を改めて論じたい。

安全な街

　街を動きまわり滞留する人が増えると、一般に安全な街の可能性が高まる。人びとが歩きたくなる街は、適度なまとまりのある構造を持っている。つまり、歩行距離が短く、魅力的な公共空間があり、変化に富んだ都市機能を備えている。これらの要素は、都市空間のアクティビティと安心感を高める。そこでは街路に多くの目が注が

れ、まわりの住宅や建物にいる人びとが街で起こっている出来事に積極的に参加する。

持続可能な街

交通体系の大半が「グリーンモビリティ」になると、つまり徒歩、自転車、公共交通機関になると、持続可能な街が強化される。このような形態の交通機関は、資源消費を抑え、排出物質を減らし、騒音レベルを下げ、経済と環境に大きな恩恵をもたらす。

また、利用者が徒歩や自転車とバス、新型路面電車、電車などとの併用を安全で快適だと感じるようになれば、公共交通機関の魅力が大いに高まる。これも持続可能性の改善にとって重要である。

健康的な街

徒歩や自転車が日常活動のなかに自然に組み入れられると、健康的な街が大幅に強化される。世界中の多くの地域で自動車による戸口直結の移動が普及し、多くの人が身体をあまり動かさなくなった結果、健康が重大な社会問題になりつつある。徒歩と自転車を日常生活の自然な要素に組み込むことは、総合的な健康政策の緊急課題である。

4つの目標——ひとつの政策

ひと言でいうと、都市計画における人間の次元に対する関心の高まりは、都市の質の改善に対する明確で強力な要求を反映している。都市空間を利用する人びとのための改善は、生き生きした安全で持続可能で健康的な街の理念と密接なつながりを持っている。

人間の次元に必要な費用は、他の社会投資、特に健康維持や自動車のための道路基盤整備の費用に比べて少額なので、開発状況や財政能力にかかわりなく、世界のどの地域の都市でもこの分野への投資が可能である。いずれにしても、投資の鍵を握るのは関心と配慮であり、きわめて大きな見返りを期待することができる。

ニューヨークが2007年に策定したニューヨーク計画は、生き生きした、安全で、持続可能で、健康的な街を最重要目標に掲げている[注3]。マンハッタンのブロードウェイには自転車路が設けられ、歩道が拡幅された（2008年完成）[注4]

より多くの道路、より多くの交通／より少ない道路、より少ない交通

自動車交通が登場してから100年が経過し、より多くの道路はより多くの交通を誘発するという意見が事実として受け入れられている。上海(中国)をはじめとする世界の大都市で、より多くの道路が実際により多くの交通と渋滞を招いている

サンフランシスコでは1989年の地震後にエンバーカデロ高速道路が閉鎖されたが、住民は即座に交通手段を切り替えて状況に適応し、残りの交通は代替ルートを見つけた。現在のエンバーカデロは、街路樹と路面電車のある心地よい大通りになり、街のアクティビティと自転車利用に最適の条件を備えている

ロンドンは2002年に渋滞課徴金制度を導入し、都心の指定区域に入る運転者から料金を徴収することにした。渋滞課徴金は、当初から車両交通を劇的に減少させる効果を発揮した。その後、課金ゾーンが西側に拡大され、現在は約50平方キロの区域が対象になっている[注5]

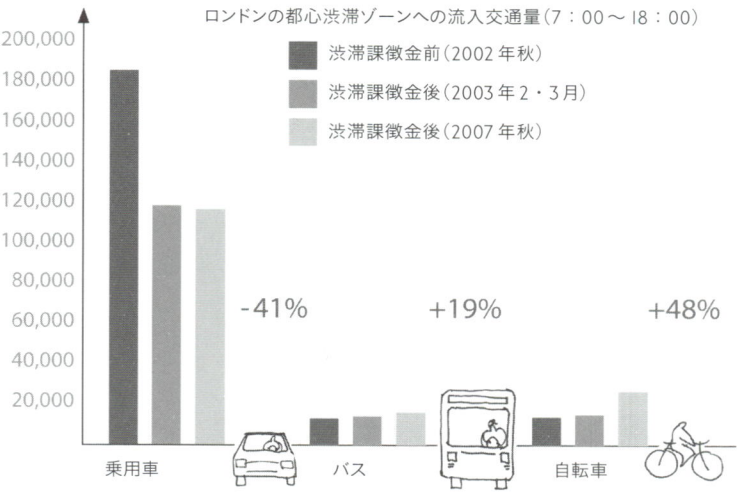

ロンドンの都心渋滞ゾーンへの流入交通量(7:00〜18:00)
渋滞課徴金前(2002年秋)
渋滞課徴金後(2003年2・3月)
渋滞課徴金後(2007年秋)

乗用車 −41%　バス +19%　自転車 +48%

1.2 まず私たちが街をつくる
──そして街が私たちをつくる

都市計画と利用パターン
──誘引の重要性

都市の歴史を見ると、明らかに都市構造と計画が人間行動と都市性能に影響を及ぼしている。ローマ帝国の植民都市は、どこでも幹線街路、広場、公共建築、兵舎を整然と配置し、画一的ともいえる構成をとっていた。これは軍事的役割を強化するための定式に基づくものだった。中世都市は、最短距離を結ぶ街路、広場、市場を組み合わせた稠密な構造を持っており、それが商業と手工業生産の中心地としての機能を支えていた。1852年以降にオスマンが行った戦略的なパリ改造では、特に広幅員の大通りが、軍隊による住民の制圧を容易にしただけでなく、独特な「大通り文化」の舞台になり、街の広い街路沿いに散策やカフェの生活様式を芽生えさせた。

**より多くの道路が
より多くの交通を生む**

都市における誘引と行動との関係は20世紀に転機を迎えた。増えつづける自動車交通に対処するために、利用できる都市空間がすべて自動車の走行と駐車に割り当てられるようになった。すべての都市が、まさに空間が許すかぎりの交通を受け入れた。より多くの道路と駐車場を建設することによって交通圧力を緩和しようとする試みが行われ、その結果、どこでもより多くの交通とより多くの渋滞が発生した。自動車の交通量は概して気まぐれなもので、利用できる輸送基盤の状態に大きく左右される。私たちはいつも自動車を楽に利用できる方法を探しているので、新しい道路の建設は自動車の購入と運転を増加させる直接の誘引要素になる。

**より少ない道路が
より少ない交通につながる？**

より多くの道路がより多くの交通をもたらすなら、道路を増やすのではなく減らしたら何が起こるだろうか。サンフランシスコでは、都心に通じる主要幹線道路のひとつである海岸沿いのエンバーカデロ高速道路が、1989年の地震で大きな被害を受け、閉鎖に追い込まれた。結局、この都心幹線道路は取り壊され撤去されたが、再建計画が具体化する前に、それがなくても街は立派に機能することが明らかになった。利用者は、即座に交通手段を切り替えて新しい状況に適応した。2階建ての高速道路があった場所は、現在、路面電車と街路樹と広い歩道を備えた大通りになっている。サンフランシスコでは、その後も高速道路を撤去し、快適な街路に改造する

自転車利用の促進：コペンハーゲンの事例

コペンハーゲンにおける通勤・通学の
交通機関分担率（2008年）

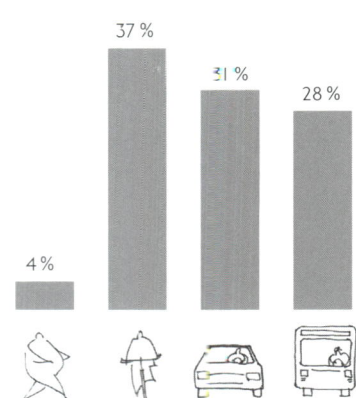

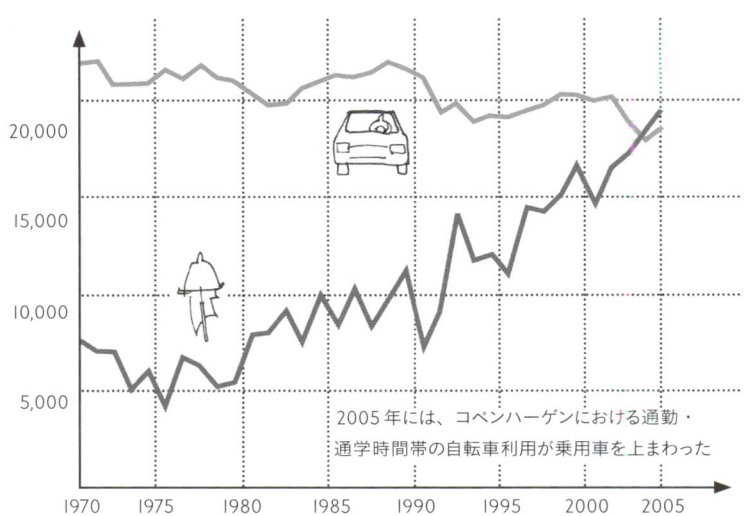

2005年には、コペンハーゲンにおける通勤・通学時間帯の自転車利用が乗用車を上まわった

コペンハーゲンでは、長年にわたって自転車交通を奨励してきた。立派な自転車路網が整備され、安全で効率的な代替交通システムを支えている。2008年には、自転車利用が通勤・通学の37パーセントを占めるまでに増加した。目標値は50パーセントである［注6］

コペンハーゲンには独特の自転車文化が育っているが、これは長年にわたって自転車利用の促進に取り組んできた成果である。自転車利用は、社会のあらゆる階層にとって日常の活動パターンの重要な一部になっている［注7］

取り組みが進められている。オレゴン州ポートランド、ウィスコンシン州ミルウォーキー、韓国ソウルでも、大規模な道路網を廃止して交通容量を減らし、発生量を抑制する試みが行われている。

ロンドンは、2002年、都心に入る車両から道路使用料金を徴収する制度を導入した。この新しい「渋滞課徴金」はすぐに効果を発揮し、24平方キロの都心ゾーンに入る交通量が18パーセント減少した。数年後には区域内の交通量が再び増加したため、料金が5ポンドから8ポンドに値上げされ、再び交通が減少した。道路使用料金は、都心への自動車利用を抑制する働きをしている。自動車交通が減り、料金収入が公共交通網の改善に充てられ、公共交通の利用者が増加した。交通利用のパターンが変化した[注8]。

自転車利用者の条件改善
―― 自転車利用者が増加する

コペンハーゲンは、数十年をかけて街路網の再編成に取り組み、自転車交通の快適性と安全性を高めるために入念な段取りを踏んで車線と駐車場を削減してきた。市民の自転車利用が年を追って増加した。いまでは効果的で便利な自転車路網が全市に張りめぐらされている。これらの自転車路は、縁石で歩道や車道と分離されている。市内の交差点には青く塗られた自転車用の横断帯があり、自転車専用の信号が設けられていて、自転車利用の安全性が大幅に改善されている。この信号は自動車用の信号より6秒早く青になり、自転車が先に走りだすことができる。自転車利用者のために細心の促進策が講じられ、その成果がはっきり利用パターンに反映されている。

1995年から2005年のあいだに自転車交通は2倍になり、2008年の統計によれば、通勤・通学のための個人移動の37パーセントを自転車が占めている。目標は、ここ数年のあいだにこの割合を大幅に高めることである[注9]。自転車利用者のための条件が改善されるにつれて、新しい自転車文化が出現しつつある。子供も高齢者も、会社員も学生も、幼い子供を連れた親も、市長も王族も自転車に乗

ニューヨークでは、2007年に自転車の利用機会を大幅に拡大する取り組みが開始された。写真は2008年4月と11月の9番街の様子である。新しい「コペンハーゲン式」の自転車路は、駐車帯によって自転車交通を保護するように設計された。ニューヨークの自転車交通はたった2年間で倍増した

第1章 人間の次元　019

よりよい都市空間、より多くの都市アクティビティ：コペンハーゲンの事例

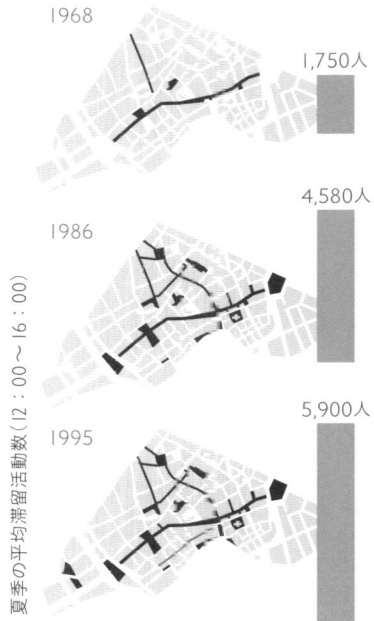

コペンハーゲンでは、1962年以来、歩行者の領域を少しずつ拡大する取り組みが行われてきた。1968年、86年、95年に公共空間と公共アクティビティの調査が行われ、この期間中、滞留活動が毎に4パーセントずつ増加したことが明らかになった。より多くの空間が提供されるにつれて、街のアクティビティも増加した［注1］。上2枚の写真は、1992年に歩行者優先街路に改造される前後のストラーデ通り。右は1980年に歩行者専用街路に改造されたニューハウン

っている。自転車が都市内を動きまわる手段として定着した。それは他の交通手段より速くて安く、環境と健康にもよい。

都市アクティビティの条件改善
―― 都市アクティビティが増加する

　当然のことだが、歩行者交通と街のアクティビティのあいだにも誘引と利用パターンの密接な関係が見られる。多くの古い都市は、つくられた当初は歩行者の街だった。そして、地形のために自動車交通が利用できなかったり、経済と社会組織がいまでも徒歩交通に依存したりしているところでは、その役割を保ちつづけている。

　ヴェネツィアは、古い歩行者都市のなかでも抜きんでた特別な存在である。この街は1000年の歴史を通じてずっと歩行者都市でありつづけた。ヴェネツィアは、道が狭いうえに運河をまたぐ橋がたくさんあるため自動車が使えないので、いまでも世界で数少ない歩行者都市のひとつである。中世ヨーロッパでは最も大きく豊かな街だった。また、何世紀ものあいだ歩行者交通に合わせて整えられ改

造されてきた。こうした事実から、今日のヴェネツィアは人間の次元の実現モデルとしてきわめて興味深い事例になっている。

ヴェネツィアにはすべてが備わっている。濃密な都市構造、短い歩行距離、美しい空間の連なり、用途の高度な混合、活気のある地上階、すばらしい建築、入念にデザインされたディテール（細部の装飾や彫刻）。そして、そのどれもが人間的スケールを備えている。この街は歩行を温かく誘引し、何世紀にもわたって都市アクティビティに洗練された舞台を提供し、いまも提供しつづけている。

かつて自動車交通に占拠され、長いあいだ人間の次元が無視されていた街で、歩行者中心の考え方が広まり、都市アクティビティが増えている。おかげで私たちは、誘引の成果を調べることができる。これらの街の多くは、ここ数十年、歩行者交通と都市アクティビティの条件を改善することに的をしぼって努力をつづけてきた。

なかでも、デンマークのコペンハーゲンとオーストラリアのメルボルンにおける展開がとりわけ興味深い。なぜなら、これらの街では都市アクティビティと歩行者交通の条件が体系的に改善されてきただけでなく、その過程が記録されていて、改善の実現に伴う都市アクティビティの変化と成長を立証することができるからである。

コペンハーゲンの取り組み
── よりよい都市空間、より多くの都市アクティビティ

コペンハーゲンでは長年にわたり歩行者領域が削られつづけていたが、1960年代初頭、ヨーロッパの都市で最初にこの問題に気づき、都市アクティビティのための良好な空間を取り戻すため、都心の自動車交通と駐車場を削減しはじめた。

1962年には、コペンハーゲンの古くからの目抜き通りであるストロイエが歩行者専用街路に改造された。懐疑的な意見が続出した。このような北国で、この種の計画が本当に成功するのか？

計画が実施されると、誰も予想しなかった早さで大成功であることが明らかになった。歩行者の数は最初の年だけで35パーセント増加した。快適に歩けるようになり、多くの人を招き入れるスペースができた。それ以来、歩行者交通と都市アクティビティに合わせて多くの街路が改造され、都心の駐車場が人びとのアクティビティを受け入れる広場に姿を変えた。1962年から2005年のあいだに、歩行者と都市アクティビティのための領域は約1万5,000平方メートルから10万平方メートルへと7倍近く増加した[注11]。

デンマーク王立芸術大学建築学部のチームが、この期間を通じて都市アクティビティの発達を追跡調査してきた。特に1968年、86年、95年、2005年には大がかりな分析を行い、都市アクティビティが大きく変化したことを立証した。街の公共空間を歩き、立ち止まり、座ることを心地よく誘引するものが増えた結果、より多くの人びとが街を歩き、滞留するようになり、注目すべき新しい都市活動パターンが生まれた[注12]。いまでは都心で生まれたパターンが周辺地

よりよい都市空間、より多くの都市アクティビティ：メルボルンの事例

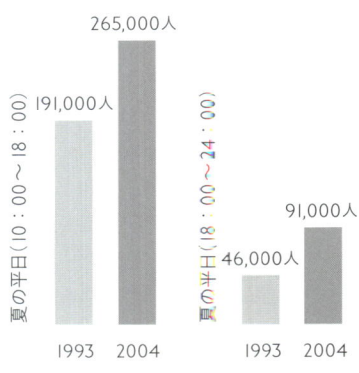

メルボルンの歩行者交通の変化

オーストラリアのメルボルンは、1993年から2004年にかけて街のアクティビティの条件を改善する大がかりな計画を実施した。2005年に行われた調査で、1993年に比べて歩行者数が39パーセント増加し、街で時を過ごす人が3倍に増えたことが明らかになった。質的な改善が、街の活動を増加させる直接の誘因になっていた[注13]

フェデレーション広場は、こうして再生された都市空間のひとつである。また、見捨てられていた裏通りやアーケード街の多くが滞留空間に組み込まれた。メルボルンは、住民に街を利用してもらうために努力を積み重ね、みごとな成果を挙げた

区に及び、安全地帯の役割しか果たしていなかった多くの街路や広場が歩行者の広場に改造されている。コペンハーゲンが示す結論は明白である。自動車ではなく人びとを街に招き入れれば、それに呼応して歩行者交通と都市アクティビティが増加する。

メルボルンの取り組み
――よりよい街路、より多くの広場、より多くの都市アクティビティ

　1980年ごろのメルボルン中心街は、オフィスと高層ビルが雑然と集まった活気のないつまらない街だった。中心がからっぽなので「ドーナツ」というあだ名がついていた。そこで、中心街を人口300万の都市圏にふさわしい活気ある魅力的な核に変身させるため、1985年に大規模な都市再生事業が始まった。1993年から94年にかけて都心問題を分析し、アクティビティを調査し、意欲的な都市改善を進める10か年計画が作成された。この計画に基づき、1994年から2004年にかけて印象深い都市改善が数多く実現した。中心街の住宅戸数が10倍になり、1992年に1,000人だった居住人口が2002年に1万人近くに増加した。都心とその周辺の学生数は67パーセント増加した。建築的にも評価の高いフェデレーション広場をはじめとする新しい広場がつくられ、歩行者の散策と滞留のためにヤラ川沿いの小さなアーケードと小径と遊歩道が整備された［注15］。

　しかし、最も注目すべき点は人びとに街を歩いてもらう取り組みだった。メルボルンは典型的なイギリス植民都市であり、創建当時から広い街路と規則的な街区を備えていた。街路がたっぷりある街を人びとに歩いてもらう。都市再生に取り組みはじめてまもなく、この目的に全力を注ぐことが決定された。歩道が広げられ、地元産の青石を使った新しい舗装がほどこされ、良質な材料でつくられたストリートファニチュアが体系的に設置された。さらに、歩行者にやさしい街の路線を引き継いで広範な「緑」の戦略が展開され、その一環として歩道の個性を高め木陰を提供するため、毎年500本の植樹が行われた。また、総合的な街なかアート計画とデザインに配慮した夜間照明が、歩行者の散策と滞留を重点政策にしている街の

英国ブライトンではニューロードが歩行者優先街路に改造され、その結果、歩行者交通が62パーセント、滞留活動が600パーセント増加した。写真は2006年に改造される前後のニューロード［注14］

第1章 人間の次元　023

よりよい都市空間、より多くの都市アクティビティ：オーフス川の事例

デンマーク第二の都市オーフスの都心を流れる川は、長いあいだ暗渠化され、幹線道路として使われていたが（写真上）、1998年に再生された。再生後、オーフス川沿いに設けられた広場的な歩行者エリアは街で最も人気のある空間になっている。また川沿いは市内で最も不動産価格の高い場所のひとつになった

イメージを確かなものにした。1994年と2004年に公共空間と公共アクティビティの大規模な調査が行われ、歩行者交通と滞留活動が多くの都市改善と歩調を合わせて急増していることが明らかになった。全体として、メルボルン中心市街地における1週間の歩行者交通は昼間39パーセントの増加だったが、夜間の歩行者利用は2倍に増えていた。興味深いことに、この増加は主要街路だけでなく都心全体で生じている。人びとが都心に引きつけられている証拠で、街における滞留活動も劇的に増加した。新しい広場、広い歩道、新たに改修されたアーケード街が、多くの新しく魅力的な滞留機会を提供し、平日のアクティビティ水準が3倍近く上がった[注16]。

都市アクティビティの調査記録
――都市開発の重要な根拠

メルボルンとコペンハーゲンの実地調査はきわめて興味深い。なぜなら、定期的な都市アクティビティ調査によって、歩行者交通と都市アクティビティの条件を改善すると新しい利用パターンが生まれ、都市空間におけるアクティビティが増大することが立証できたからである。都市空間の質と都市アクティビティの広がりとのあいだに密接なつながりがあることが、メルボルンでもコペンハーゲンでも、都市レベルではっきり証明された。

よりよい都市空間、
より多くの都市アクティビティ
――街、都市空間、ディテール

人びとによる都市空間の利用、都市空間の質、人間的次元への関心度、この三者のあいだには密接なつながりがあり、その現象はさまざまな規模に共通してみられる。それは驚くことではない。街が都市アクティビティを引きつけるのと同じように、個々の空間の改修、さらにはストリートファニチュアやディテールの変更によって、まったく新しい利用パターンを促進している例がたくさんある。

デンマークのオーフスでは、都心を流れる川が1930年代に暗渠化され、自動車道路になっていたが、1996年から98年にかけて再生され、水路に沿って歩行者のレクリエーション空間が整備された。それ以来、オーフス川沿いは中心街で最も頻繁に利用される外部空

より多くのベンチ、より多くの座る人：アーケルブリッゲの事例

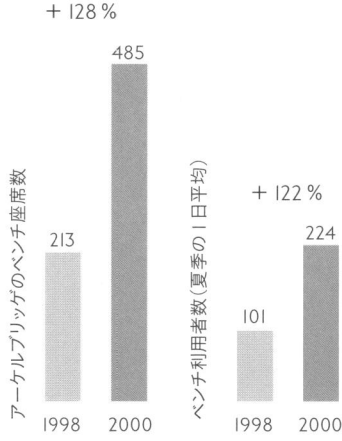

控えめな促進策もそれなりの効果を発揮する。オスロのアーケルブリッゲで座る場所を2倍に増やしたところ、区域内で座っている人も2倍になった［注17］

間になっている。川沿いの建物は平米単価が2倍以上に上昇した。改修の評判がよく、経済的にも成功を収めたため、2008年には川の残りの部分も再生された。新しい都市空間と新しい誘引が、まったく新しい街の利用パターンをもたらしたわけである。

オスロのアーケルブリッゲ埠頭のように、ベンチを改良するだけの簡単な変更でも利用パターンを大きく変えることができる。そこでは1998年に古いベンチを撤去し、座席面積を2倍以上（228％）増やした新しいベンチを配置した。変更の前後、1998年と2000年に行った調査の結果、座っている人の数もそれに対応して2倍（222％）になっていることが明らかになった［注18］。

街の人びと
——どのように誘引できるか

よりよい都市空間が用意されると利用が増加する。この結論は、大きな都市公共空間でも個々の都市空間でも、ずっと小さなベンチや椅子でも明らかに有効である。また、気候風土の違い、経済や社会状況の違いにかかわらず、世界中のさまざまな文化や地域でほぼ有効である。物的計画は、地域や都市域の利用パターンに大きな影響を及ぼす。人びとが歩きまわりたくなるかどうか、都市空間で時を過ごしたくなるかどうかは、人間的次元を注意深く扱うかどうか、魅力的な誘引を生みだせるかどうかにかかっている。

パリでは毎夏、セーヌ川沿いの高速道路を閉鎖し「パリ海岸」に変身させる。すると、この行事を冬のあいだ待ちつづけていた何千もの人で瞬く間にいっぱいになる

必要活動、任意活動、社会活動

必要活動は日常生活の一部に組み込まれていて、任意にはできない。私たちに選択の余地はない

任意活動は娯楽の面を持っていて、楽しみを与えてくれる。このグループに属する活動にとっては、街の質が決定的な前提条件になる

社会活動は、あらゆる種類の人と人とのふれあいを含んでおり、人のいる都市空間ではどこででも発生する

1.3 出会いの場所としての街

歩行には歩行以上のものがある

「建物のあいだのアクティビティ」という概念は、人びとが共用の都市空間を利用するときに行うさまざまな活動を含んでいる。たとえば、ある場所から別の場所に目的をもって移動する歩行、散策、短い停止、長い滞留、ウィンドーショッピング、立ち話、運動、ダンス、レクリエーション、露店営業、子供の遊び、物乞い、大道芸などがそれである[注19]。歩行は始まりであり出発点である。人は歩くようにつくられており、人生のあらゆる出来事は大小を問わず、私たちが他の人びとのあいだを歩きまわることで展開する。自分の足で歩くことによって多彩な人生が私たちの前に姿を見せる。

生き生きした安全で持続可能で健康的な街において、都市アクティビティの前提条件は良好な歩行機会である。しかし、それだけでなく、歩行のアクティビティを強化すると、貴重な交流やレクリエーションの機会が自然に数多く生まれてくる。

長いあいだ、歩行者交通は交通計画の傘下に属する輸送の一形態と見なされてきた。そこでは、都市アクティビティの豊かなニュアンスと機会はほとんど見過ごされ無視されていた。使われる用語は「歩行交通」「歩行者流」「歩道容量」「安全な道路横断」といった類のものだった。しかし、街における歩行には歩行以上のものがある。歩行は、人びととコミュニティとの直接のふれあい、新鮮な空気、屋外の時間、自由なアクティビティの楽しみ、経験と情報を提供してくれる。また歩行は、その根底において、公共空間を舞台や骨格として共有する人びとのあいだの特別な交流形態である。

歩行は出会いの場所としての街にも深く関係している

前節で紹介した都市アクティビティの研究を詳しく見ると、歩行アクティビティの条件が改善された街ではどこでも、歩行者活動の量が目に見えて増えている。また、社会活動と余暇活動にはさらに大幅な増加が見られる。既に述べたように、道路を増やすといっそう多くの交通を呼び込む。自転車のための条件を改善すると、より多くの人が自転車を利用するようになる。だが、歩行者のための条件改善は、歩行者交通を強化するだけでなく、街のアクティビティを強化する。これはいっそう重要な点である。

したがって、私たちは交通問題に議論を限定することなく、はる

第1章 人間の次元　027

多彩な街のアクティビティ

かに幅広く重要な問題、すなわち街におけるアクティビティの条件や選択の自由にかかわる問題へと議論を展開することができる。

多彩な街のアクティビティ

都市空間におけるアクティビティに共通する特徴は、活動の融通性と複雑性である。そこでは、目的をもった歩行、一旦停止、休息、滞留、会話が互いに重なりあい、頻繁に入れ替わる。予測できない、計画性のない自然発生的な行動こそが、都市空間における移動と滞留をひときわ魅力的にしている。歩いていて人や出来事を見かけると、立ち止まってもっと詳しく見たくなったり、さらに腰を落ち着けたり、参加したくなったりすることがある。

必要活動
——すべての条件下で起こる

都市空間における活動はきわめて多様だが、そこには全体を貫く明快なパターンが存在する。それを確認する簡単な方法は、必要性の度合いに応じた分類である。この物差しの一方の端には目的をもった必要活動が位置する。仕事や学校に行く、バスを待つ、客に商品を届けるなど、多かれ少なかれ必要に迫られて行う活動がそれにあたる。これらの活動はすべての条件のもとで行われる。

任意活動
——恵まれた条件下で起こる

物差しのもう一方の端に位置するのは、余暇的な性格の強い任意活動である。遊歩道をそぞろ歩く、街をよく見るために立ち止まる、よい眺めやよい天気を楽しむために腰をおろすなどの活動がそれにあたる。街で最も魅力的で人気のある活動の大半は任意活動の仲間に属する。これらの活動の必要条件は街の質が高いことである。

吹雪の日のように屋外の条件が歩行や余暇に向いていないときは、ほとんど何も起こらない。条件がほどほどであれば、多くの必要活動が展開される。屋外にいるのに適した条件のときは、人びとが多くの必要活動を行い、任意活動の数も増加する。歩行者は、天候、

場所、街のアクティビティなどを楽しむために立ち止まりたくなり、人びとは建物を出て都市空間で時を過ごす。住宅の前に椅子が引き出され、子供たちが遊びに出てくる。

融通性の高い都市アクティビティには誘引が必要である

屋外活動の広がりと性格にとって、当然のことだが気候は重要な要因だといわれている。寒すぎたり、暑すぎたり、じめじめしていると、屋外活動が減少し時には不可能になる。それ以外にもきわめて重要な要因がある。それは都市空間の物的な質である。計画と設計は屋外活動の広がりと性格に影響を及ぼす。歩行だけでなく、それ以外の屋外活動を誘引するには、安全、治安、質のよい空間、ファニチュア類、良好な景観などが必要である。前述の都市アクティビティ研究は、人びとを歩行だけでなく柔軟で多様なアクティビティに積極的に誘引する多くの機会についても情報を提供してくれる。

多様な都市アクティビティ
——古い伝統と現代の都市政策

街は活動の舞台である。舞台の状態によって活動が異なってくる。東京、ロンドン、シドニー、ニューヨークの都心では、街路の人びとは誰もが歩いている。そこには、それ以外に活動の余地がない。保養地や観光地では、時間を消費し楽しむことが最優先されており、人びとはそぞろ歩き、しばしの時を過ごすように誘われる。ヴェネツィアのような伝統的な街では、歩行者交通と滞留の双方に適した条件が備わっており、人びとは柔軟で多様な都市アクティビティに誘われる。コペンハーゲン、リヨン、メルボルンなどでも同様の活動パターンを見ることができる。これらは大小を問わず、ここ数十年のあいだに都市空間のアクティビティ条件が大幅に改善された街である。歩行者交通が増え、余暇的な任意活動の数が増加した。

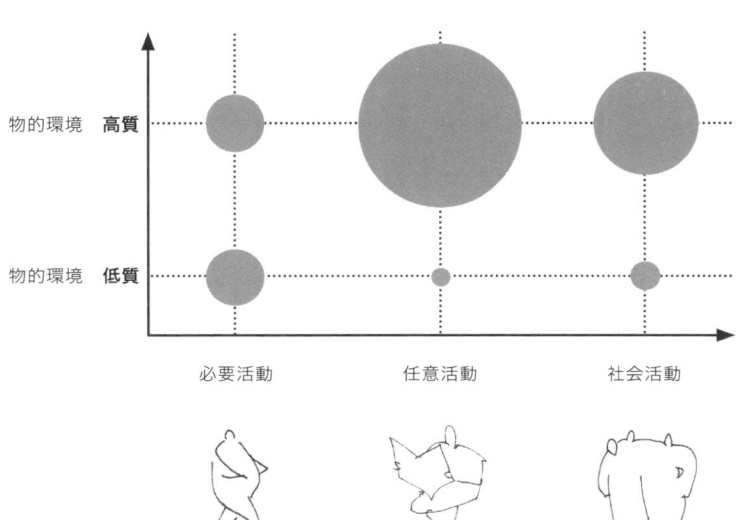

屋外空間の質と屋外活動の関係を示す模式図。屋外空間の質が高まると、任意活動が大きく増加する。活動水準が上昇すると、社会活動の顕著な増加を引き起こす

第1章 人間の次元　029

都市空間と都市アクティビティの相互作用：ニューヨークの事例

ニューヨークは、2009年にタイムズスクエアとヘラルドスクエアでブロードウェイを閉鎖し、街のアクティビティのために7,000平方メートルのくつろいだ上品な空間を生みだした。新しい空間の活動水準は初日からすばらしいものだった［注21］。写真は計画前後のタイムズスクエア

都市アクティビティと都市空間の質の相互作用
——ニューヨークの事例

ニューヨーク・マンハッタンの街路は伝統的に歩行者交通に占領されていたが、2007年、都市アクティビティの融通性を高めることを目的に新しい取り組みが開始された［注20］。そこで意図されたのは、先を急ぐ歩行者交通だけでなく、余暇と娯楽の選択肢を豊かにすることであった。たとえば、ブロードウェイでは歩道を拡幅し、そこにカフェの椅子を置き、時を過ごす場所を用意した。また、マディソンスクエア、ヘラルドスクエア、タイムズスクエアでは、新しい歩行者専用ゾーンを設け、多くの滞留機会を提供した。これらの場所では、どこでもすぐに新しい機会が人びとに受け入れられた。新しい誘引によって、都市アクティビティが日ごとに豊かになり多彩になった。ニューヨークのような街でも質の高い都市空間が明らかに必要とされており、機会と充実した誘引を増やせば、都市アクティビティにもっと参加したいという欲求が高まる。

必要活動と任意活動は社会的都市活動の必要条件

都市空間の質は、都市アクティビティの性格と広がりの双方に劇的な影響を及ぼす。この結びつきはそれ自体が重要なものである。しかし、必要活動、任意活動、そして一連の重要な社会活動の関係を詳しく見ると、結びつきがさらに興味深いものになる。都市アクティビティを補強すると、都市空間におけるさまざまな形態の社会活動を強化する前提条件ができる。

社会活動
——出会いの場所としての街

社会活動には、都市空間で行われる人と人との各種のコミュニケーションが含まれる。したがって、この活動には人びとの存在が必要である。都市空間に生活とアクティビティが存在すれば、多くの社会的交流が生じる。都市空間に人影がなく空虚であれば何も起こらない。

社会活動は幅広い多様な活動を含んでいる。そこには目と耳だけ

の受け身のふれあいが数多く存在する。たとえば、他の人や起こっていることを眺める行為がそれである。この控えめで地味なふれあいは、どこででも見られる最もありふれた社会的都市活動である。

　また、もっと積極的なふれあいも存在する。人びとは街で出会った知り合いと挨拶を交わし、おしゃべりをする。市場の屋台で、ベンチで、人びとが何かを待っているところで、偶然の出会いが生まれ、ちょっとした会話が始まる。人びとは道を尋ね、天候やバスの到着時刻について短い意見を交わす。こうした短い会話がもっと進んだふれあいに成長することも少なくない。新しい話題や共通の関心事が話し合われる。知人関係が芽生えることもある。意外性と自発性がキーワードである。さらに進んだふれあいの例は、子供の遊びや、街を「ぶらぶら」して都市空間を出会いの場所に利用する若者の行動である。最後に、市場、路上パーティ、集会、パレード、デモなど、計画的な共通行動をとる大きな集団が存在する。

眺めるべき多くのものと
重要な情報

　前述のように、見たり聞いたりする活動は社会的ふれあいの多くを占めている。これはまた都市計画の影響を直接に強く受けやすい種類のふれあいでもある。それが生まれるかどうかは、都市空間にアクティビティが存在し、人びとが出会いの機会を持つことができるかどうかによって大きく左右される。これは重要な点である。なぜなら、受け身の目と耳のふれあいは他の種類のふれあいが生まれる背景と出発点になるからである。私たちは他の人びとを眺め、彼らの声に耳を傾け、彼らを身近に感じることによって、人びとについて、また私たちを取り巻く世間について情報を集める。それが第一歩になる。街のアクティビティを体験することは楽しい刺激的な娯楽でもある。場面が刻々と変化する。ふるまい、表情、色彩、感情など、見るべきものが豊富にある。そして、これらの体験は人間生活の最も重要なテーマのひとつである「人」と結びついている。

世界中どこでも、歩道カフェの客は街のアクティビティに向かって席につく。それこそが街一番の魅力である（フランス・ストラスブール）

第1章 人間の次元　031

「人こそ人のこよなき悦び」

「人こそ人のこよなき悦び」

「人こそ人のこよなき悦び」という言葉は、1000年以上前に編まれたアイスランドの叙事詩集エッダの一編ハーヴモウからの引用である。それは人が他の人びとから受ける大きな喜びと他の人びとに対して抱く関心を簡潔に表現している。それ以上に大切で魅惑的なものはない[注22]。

赤ん坊は、揺り籠にいるときから人の動きを熱心に目で追い、少し成長すると人を追って家中を這いまわる。子供はおもちゃを持って、人が何かをしている居間や台所にやってくる。屋外での遊びは、遊び場や歩行者専用スペースで行われるとは限らない。街路、駐車場、玄関先など、大人のいるところで行われることのほうが多い。若者たちは、出来事の近くにいて、おそらくそれに参加したいため、玄関近くや街角をうろついている。日がな一日、少女たちは少年たちを、少年たちは少女たちを目で追っている。老人は、窓辺やバルコニーやベンチから近所の人たちの生活とアクティビティを追っている。私たちは、生涯、人びとと起こりつつあるアクティビティと身のまわりの社会に関する新しい情報を絶えず必要としている。新しい情報は人の集まるところに集まる。したがって都市空間には特に集まりやすい。

街の最大の魅力は人

世界各地の街で行われた調査が、都市の魅力として生活とアクティビティが重要であることを明らかにしている。人びとは何かが起こりつつあるところに集まり、ごく自然に他の人びとの存在を探し求める。人影のまばらな街路と活気のある街路のどちらを歩くか選択を求められたら、ほとんどの人は生活とアクティビティのある街路を選ぶだろう。そちらを歩くほうが楽しいし、安全に感じられる。コペンハーゲンの中心商店街での調査では、沿道の商店より、偶然の出来事、催し物、建築現場など、人びとが何かをしたり、音楽を演奏したり、建物を建てたりしている場所で、はるかに多くの人が足を止め見物していることが明らかになった。都市空間に置かれたベンチと椅子の調査でも、街のアクティビティがよく見える席のほうが、他の人びとを眺めることのできない席よりずっと頻繁に利用されていることが判明した[注23]。

カフェの椅子の配置と利用者数からも同様のことがわかる。歩道カフェの最も重要な魅力は歩道、すなわち街のアクティビティの眺めであり、カフェの椅子のほとんどが歩道に向かって置かれている。

都市生活の悦び
——建築家の透視図

「建物のあいだのアクティビティ」の魅力を何より雄弁に物語っているのは、建築家が描く透視図である。人間的次元を注意深く配慮した計画だけでなく、それをまったく無視した計画でも、図面には生き生きした満足げな人びとがたくさん描き込まれている。図面に描かれた人びとは、計画に満足感と魅力のオーラを与え、実態が

どうであろうと、すばらしい人間的な質がたっぷり備わっているというメッセージを送っている。少なくとも図面のなかでは、明らかに人こそが人の最大の悦びなのである。

出会いの場所としての街
——歴史的背景

歴史を通じて、都市空間は住民にとってさまざまな面で出会いの場所として機能してきた。人びとは出会い、情報を交換し、商売を行い、縁談をまとめた。大道芸人が客を呼び、品物が売りに出された。人びとは大小の都市行事に参加した。行列が練り歩き、権力掌握が宣言され、集会が開かれ、公開処刑が執行され、すべての物事が衆人環視のもとで行われた。街は出会いの場所であった。

自動車の襲来と
近代計画思想の圧力

20世紀に入っても都市空間は重要な社会的出会いの場所として機能しつづけたが、近代主義の計画規範が広まり、それと並行して自動車が都市に侵入するようになると状況が変化した。ジェイン・ジェイコブズが1961年に果敢に提起した都市の「死と生」の議論は、都市空間が出会いの場所として機能する機会が次第に低下していることに紙幅の大半を割いていた[注24]。それ以来ずっと議論はつづいているが、多くの場所でアクティビティが都市空間から閉めだされつづけている。主流の計画思想は、都市空間とアクティビティを時代遅れの不必要なものとして排斥してきた。計画は、もっぱら必要な活動のために合理的で効率的な環境をつくることに専念してきた。増えつづける自動車交通は都市アクティビティを舞台から一掃し、徒歩で移動することを不可能にした。商業とサービスの機能は、ほとんどが大規模な屋内ショッピングモールに集約された。

見捨てられた街
——都市アクティビティの抹消！

私たちは、こうした流れの結末を多くの街、特に米国南部の街で見ることができる。それらの例では人びとが街を見捨て、自動車が

人のいない街は米国南部に広く見られる現象である。人と街のアクティビティが捨て去られ、何をするにも自動車に頼らなければならない（ミシシッピ州クラークスデイル）

新しい間接的なコミュニケーション形態が広まっている。それは人と人との直接の出会いを補うことはできるが、取って代わるものではない

なければ都市内の施設を利用することができない。歩行者優先も都市アクティビティも出会いの場所としての街も抹消されている。

近年、間接的な情報と交流が爆発的に拡大している。テレビ、インターネット、Eメール、携帯電話のおかげで、私たちは世界中の人びとと幅広く容易に接触することができる。ときどき次のような疑問が浮かんでくる。都市空間が果たしていた出会いの場所としての機能は、電子的手段に置き換えることができるのではないか？

しかし、近年の都市アクティビティの展開は状況がまったく異なることを示している。そこでは、間接的交流や他の場所での他の人びとの体験を伝える映像が、公共空間のアクティビティと競合してはいない。むしろ人びとの参加をうながし、積極的役割を果たす刺激になっている。直接その場に立ち会う機会、生身の出会い、そし

出会いの場所としての街
―― 21世紀は

街を歩くと、五感すべてに直接の経験を得られるだけでなく、笑顔と視線を交換する魅力的な機会に恵まれることもある（カナダ・ヴァンクーヴァーのロブソン通り）

第1章 人間の次元　035

民主的次元

公共空間は、思想と意見を交換する場という重要な社会的意義を持っている

て驚きに満ちた予測不可能な体験は、出会いの場所としての都市空間でなくては得られない特質である。

　この数十年、電子的な情報通信手段の導入と時を同じくして、都市アクティビティがめざましい再生を遂げたことは注目に値する。私たちはどちらも必要としている。街の公共空間を歩きまわり、そこで時を過ごすことに関心が高まっている背景には、多くの社会変化が存在している。このことは特に経済的先進地域において顕著である。長寿、自由時間の拡大、経済水準の向上によって、余暇と娯楽に振り分けられる時間と資金が増加している。

　2009年にはコペンハーゲンの世帯の半数を単身世帯が占めていた［注25］。世帯規模の縮小は、家庭外での社会的ふれあいの必要性を増大させる。社会構造と経済構造の多くの変化によって、個人住宅、マイカー、家電機器、個人オフィスなどが普及し、いまでは多くの人びとの生活がますます社会とのつながりを弱めている。こうした状況のもとで、市民社会全般とのつながりを強化しようとする意識が着実に育っている。

　近年、都市アクティビティの復活促進に取り組んできた都市では、どこでも街の公共空間の利用が劇的に増加している。この現象は、これまでに述べた新しい機会や必要性によって大部分が説明できる。

出会いの場所としての街
——社会活動の面で

　民主的に管理された公共都市空間は、民間の商業施設と異なり、さまざまな社会集団に自己表現の機会と少数派活動の自由を与えてくれる。そこで行われる幅広い活動と多様な参加者は、多くの場合、公共都市空間が社会の持続可能性を強化していることを示している。年齢、収入、地位、宗教、人種的背景を問わず、すべての社会集団が日常の仕事のかたわらで直接出会うことができるのは、都市空間の重要な特質である。これは社会の構成と普遍性に関する総合的情

報をすべての人びとに伝える格好の方法である。また、人びとはさまざまな状況下で示される共通の人間的価値を体験して、より大きな安心と信頼を身につけることができる。

　新聞やテレビが提供するのは、都市の日常生活を直接体験する機会とはまったく逆のものである。これらのメディアが伝える情報は、主に事故や襲撃の報道に焦点が当てられており、社会で実際に起こっていることの歪められた描写である。この種の情報は恐怖と乱暴な一般化をはびこらせる。犯罪を防止するには、公共空間を充実させ、さまざまな社会集団の人びとが日常生活の一部としてそこで出会えるようにすることが大切だといわれている。これは興味深い指摘である。塀をめぐらし、門を構え、街路に多くの警官を配備するのではなく、親密さと信頼と相互配慮を育てることを考えたい。

民主的次元

　都市の公共空間における行動ルールを決定し、人びとが個人の意見や文化的・政治的メッセージを交換する機会を保証するのは公共の利益になる。都市空間の重要性はアメリカ合衆国憲法にもはっきり示されている。その修正1条には市民の言論の自由と集会の権利が謳われている。また、全体主義政権がしばしば都市空間での集会を禁止していることも、この重要性を逆の面から裏づけている。

　都市空間は、人びとのあいだの開放的で自由な接触の場として、大規模な政治集会やデモや抵抗運動だけでなく、署名集め、ビラ配り、ハプニング、抗議表明など、小規模な活動にも大切な舞台を提供している。

出会いの場所としての街
──小さな出来事と大きな展望

　社会の持続可能性、安全、信頼、民主主義、言論の自由は、出会いの場所としての街と結びついた社会活動の展望を語るうえで欠くことのできない重要な概念である。都市空間のアクティビティには、小さな出来事への一瞥から大規模な政治的集団行動まで、さまざまなものが含まれている。公共の都市空間を歩きまわる行動は、それ自体が目的のこともあるが、そこから何かが始まることもある。

人びとによる人びとのための街

　コペンハーゲン、メルボルン、ニューヨークは、いったん失った都市空間を取り戻すことに成功した。そこには、ヴェネツィアの都市空間とは異なり、郷愁に満ちた過去の牧歌的風景は見られない。これらは、堅実な経済、多くの人口、多様な都市機能をもつ現代都市である。3つの都市が共通して反映しているのは、街のデザインは歩行者交通と都市アクティビティを呼び込むものでなければならないという理解である。これらの都市は、持続可能で健全な社会にとって歩行者交通と自転車が重要であることに気づいている。また、21世紀の市民にとって街のアクティビティ、そして魅力的で自由で民主的な出会いの場所が大切であることを認識している。

人間の次元はほぼ50年にわたって軽視されてきたが、21世紀を迎え、私たちは人間の街を再創造する緊急の必要性に目覚め、それに意欲的に取り組みつつある。

感覚とスケール

第2章

感覚、移動、空間

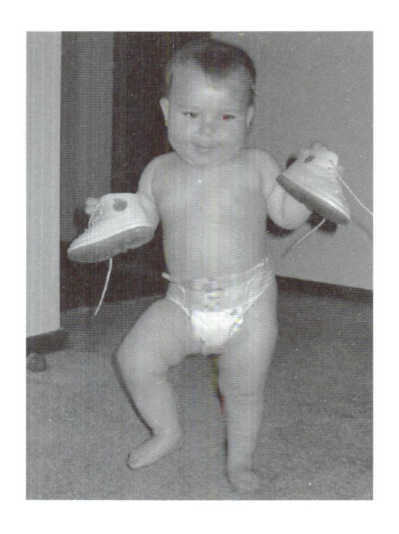

クライアント：直線的で正面性が強く水平的な最高時速5キロの人間（ラウラ、1歳）

都市建築の基本的要素は移動空間と体験空間である。街路は足による直線的移動を反映し、広場は目によって把握できる範囲を表している（タンザニア・ザンジバルのストーンタウン、イタリア・アスコリ・ピチェーノ）

この小さな町は、居間の隅に置かれたソファのように湾の奥にうずくまっている。背後を山に抱かれ、人間的スケールの景観を見せている。のんびりするのに最適な場所である。もちろん町の立地にとっても（イタリア・ポルトフィーノ）

040

2.1 感覚とスケール

最高時速5キロで歩行する
直線的で正面性の強い
水平的な哺乳動物

　人間のための街をデザインする出発点は、人間の移動と人間の感覚である。なぜなら、それが都市空間における活動、行為、交流の生物学的基礎になるからである。
　21世紀の都市の歩行者は、何百万年もの進化の産物である。人は徒歩でゆっくり移動するように進化し、人間の身体は直線的な方向感覚を持っている。私たちの脚は前方には容易に歩いたり走ったりできるが、後退や横方向の移動には困難が伴う。また私たちの感覚は、ほぼ水平の面をゆっくり前に移動するように発達してきた。
　私たちの目、耳、鼻は前を向いていて、進行方向の危険や好機を感知するのに適している。目の光受容器にある桿状体と円錐体は、私たちが地表に近い水平の領域を体験するのに適した組織である。
　私たちは前方を明瞭に見ることができ、両脇と下方の一定範囲を視野に捉えることができるが、上方向の視野はずっと狭い。私たちの腕も前方を指し、進行方向にあるものに触れたり、枝を脇に押しのけたりするのに適した位置についている。ひと言でいえば、ホモサピエンスは直線的で正面性が強く水平的な方向性を持った直立哺乳動物である。小径も街路も並木道も、人間の移動機構に合わせた直線的運動のための空間である。
　人生で最も記念すべき時のひとつは、子供が立ちあがり歩きだした日である。いまや本格的に人生が始まる。
　私たちの計画とデザインの対象は、これらの属性、可能性、限界を備えた歩行者である。人間的スケールの仕事をするということは、基本的に人間の身体によって規定される可能性と限界を考慮に入れて、歩行者のために良好な都市空間を提供することを意味している。

距離と知覚

　米国の人類学者エドワード・ホールは、著書『沈黙のことば』（1959年）と『かくれた次元』（1966年）のなかで、人類進化の歴史について卓抜した論考を展開し、人間の感覚とその特質、また重要性を概説した[注1]。
　感覚の発達は進化の歴史と密接に結びついており、「遠隔」感覚（見る、聞く、嗅ぐ）と「近接」感覚（触れる、味わう）の2つに大別することができる。後者は皮膚と筋肉にかかわるもので、寒さ、暑さ、痛

社会的視界

私たちは100メートル離れたところから人を見分けることができ、それより距離が近くなるともっとよく見える。しかし、興味深く刺激的な体験が得られるのは距離が10メートル以内になってからであり、五感をすべて使うことができるのはもっと近づいてからである［注2］

みを感じ、感触や輪郭を知ることのできる能力である。人と人との関係において、感覚は距離によってまったく異なる働きをする。

視覚は五感のうちで最も発達した感覚である。私たちは、はるか遠くにいる人間を最初ぼんやりした形で認識する。背景や光の状態によるが、300〜500メートルの距離で、動物や灌木と人間を識別できるようになる。

大まかな動作やボディランゲージ（身体言語）が見えるのは、距離が100メートル以下になってからである。もっと近づくと性別や年齢を見分けられるようになり、通常50〜70メートルのあいだで個人を識別することができる。髪の色や特徴的なボディランゲージを読みとることができるのもこの距離からである。

ほぼ22〜25メートルの距離で、私たちは顔の表情や強い感情を正確に読みとることができる。あの人は幸せなのか悲しいのか。興奮しているのか怒っているのか。相手が近づくにつれて上半身、次いで顔、最後は顔の一部が観察者の視野を占めるようになり、細部がよく見えるようになる。この距離になると声も十分に聞こえるようになる。

50〜70メートルの距離では、助けを求める叫び声が耳に届く。35メートルでは、教会の説教壇、舞台、講堂などのように、大声での一方的な伝達が可能になる。20〜25メートルの距離では短い会話の交換が可能になるが、本当の会話が成り立つのは互いの距離が7メートル以下になってからである。距離が7メートルから0.5メートルの範囲になると、もっと詳しい明瞭な会話が可能になる［注3］。

距離が近くなると他の感覚も働きはじめる。汗や香水の匂いを嗅ぐことができるようになる。また、皮膚で体温の違いを感じることができる。これは重要なコミュニケーション手段である。恥じらい、愛情のこもった眼差し、白熱した怒りは、近寄って交わされる。肉体的な愛情表現や接触も、当然ながらこの親密な領域に属する。

社会的視界

　距離と感覚とコミュニケーションについての経験的知識を要約すると、100～25メートルの範囲ではほとんど何も起こらないが、これより距離が近くなると1メートルごとに細部とコミュニケーションが劇的に豊かになる。そして、7～0メートルではすべての感覚が働き、すべての細部を捉えることができ、最も濃密な感情がやりとりされる。
　都市計画の分野では感覚とコミュニケーションと大きさの関係が重要なテーマであり、社会的な視界が問題になる。この視界の限界は100メートル、すなわち人の動きを見分けることのできる距離である。もうひとつの重要な限界点は25メートルであり、これより近づくと私たちは感情と表情を読みとることができるようになる。当然のことだが、人を見ることに重点を置いた多くの場所では、この2つの距離が重要な役割を果たしている[注4]。

イベントを観る

　コンサート、パレード、スポーツなど、観客を対象としたイベントのために建設される競技場や舞台でも100メートルの距離が活躍する。運動競技やスポーツの試合では、観客が戦況全体と同時にボールや選手の動きを捉えることができなければならないので、フィールド中央と最も遠い観客席との距離は約100メートルである。
　競技場は観客席がフィールドを見下ろすようにつくられている。そこでは観客が少し上からすべてを見ることになるが、スポーツ競技では全体の動き自体が重要な魅力の一部なので、問題が生じることはほとんどない。観客席が約100メートルの魔法域、つまり選手の動きを見分けることができる距離に収まっていれば、入場券を売ることができる。
　この100メートルの距離は収容人数の上限をも決定する。最大級の競技場でも収容できる観客数は限られており、バルセロナのサッカー場カンプノウ（9万8,772人）、北京のオリンピック競技場（9万1,000人）に見られるように、約10万席が限度である。
　このように私たちの前には越えがたい100メートルの「視覚障壁」、すなわち施設規模の生物学的限界が立ちはだかっている。もっと観客数を増やすためには、彼らの視覚的注意力の焦点を拡大する必要がある。ロックコンサートでは、観客スペースの規模に合わせて、大スクリーンを用いて映像と音を拡大している。ドライブインシアターでは、観客が遠くからでも演技についていけるように、巨大スクリーンに映画を映している。

イベントを観る

私たちの感覚は、100メートル以内の距離で人を見分ける能力を持っている。スポーツや他のイベントを観る観客空間の寸法は、この距離を反映している

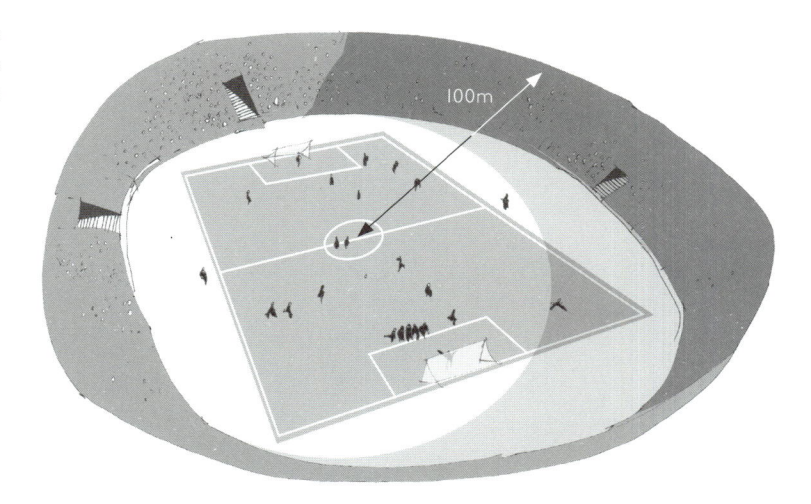

感情を体験する

　第二の限界点、すなわち約25メートルを境にして、顔の表情、明瞭に発声された歌や会話を楽しむことができるようになる。この距離の重要性は劇場やオペラハウスに現れている。どちらにおいてもコミュニケーションの第一の目的は、雰囲気と感動をかき立てることである。したがって顔が見えなければならず、声の調子を聞き分けることができなければならない。

　しかし、世界の劇場やオペラハウスを見ると、舞台と最も遠い観客席との臨界距離は25メートルではなく35メートルである。このように観客の範囲を拡張することが可能な理由は、俳優のボディランゲージ、メーキャップ、発声に求めることができる。舞台化粧は顔の表情を引き立たせ、誇張する。身体の動きが巧妙に強調され、ボディランゲージが「芝居がかった」ものになる。声も抑揚をつけて明瞭に発音され、誇張される。「舞台でのささやき」は35メートル離れたところでも聞こえるように発声されるので、英語ではこれが聞こえよがしの私語を意味する言葉になっている。これらの手立てのおかげで、実際には舞台が35メートル離れていても、観客は演じられている喜怒哀楽に強い感銘を受ける。この距離がぎりぎりの限界といえる。

　劇場やオペラハウスでは、できるだけ収容力を高めるため、上方と側面にも観客席を拡大している。1階席に加えて、舞台よりはるか上に1〜2層、時には3層の張出し席が設けられ、さらには両脇にも張出し席がつけられる。35メートルという限界は、五感と心で感じとるための公分母である。

体験は料金に比例する

　こうして一定数の観客を収容することが物理的には可能だが、体験の質には劇的な差があり、この違いは劇的までに入場券の値段に反映している。最も料金が高いのは舞台に最も近い中央の席、す

044

感情を体験する

動作ではなく感情に注目すると、35メートルが重要な数値である。これは観客が顔の表情を読みとり、せりふや歌を聴くことができる最大距離であり、世界中の劇場やオペラ座で採用されている

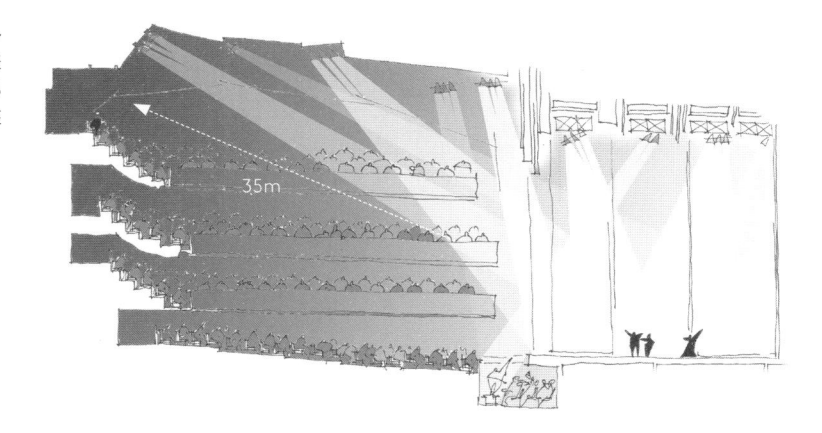

なわち1階と2階正面の前列席である。これらの席では、観客が演技を正面から、間近にほぼ目の高さで見ることができる。最も力強い体験をすることができるのはここである。舞台と同じ高さの正面の席でも、後方になると体験の迫力が弱まるので料金も安くなる。さらに上階の席、遠い席、脇の席では、体験が希薄になり、視界が悪くなるので、それに応じて料金がさらに安くなる。最も料金が安いのは最上階の端の席である。これらの席からは本当には演技を見ることができず、目に入るのは俳優の鬘と彼らの動きまわる姿だけである。その代わり、これらの観客には俳優のせりふがよく聞こえ、舞台の袖がよく見える。

劇場の観客席と料金の関係は、私たちの感覚器官と人間のコミュニケーションについて重要なことを教えてくれる。最も魅力的な席のキーワードは、接近、正面、目の高さであり、魅力に欠ける席のキーワードは遠さと側面からの眺めである。そして、最も魅力に欠けるのは上からの眺めである。この視点からでも遠景を見ることができるが、表情と感情を読みとることはほとんどできない。

私たちの視覚は、水平面上で起こっていることを見て理解するために発達してきた。上方や下方の人や出来事を見るときには、基本的情報を把握するのが困難になる

第2章 感覚とスケール　045

都市空間のスケール、感覚、大きさ

　約100メートルの社会的視界は、古い街における多くの広場の大きさにも反映されている。100メートルの距離だと、見物人は広場の一隅に立って、広場で起こっていることの全貌を捉えることができる。そして広場に少し踏みだし、60〜70メートルになると人びとを見分け、誰がいるかわかるようになる。

　ヨーロッパの古い広場の多くは、この寸法範囲に収まっている。1万平方メートルを超える広場はめったにない。大半は6,000〜8,000平方メートルで、もっと小さな広場も多い。寸法を見ると、100メートル以上はまれで、80〜90メートルの長さが一般的である。幅はさまざまで、正方形の広場もあるが、長方形のほうが多く見受けられ、100×70メートルあたりが典型例であろう。この大きさの広場では、どこで行われている活動でも見ることができる。広場を横切っていくと、多くの人びとの顔が25メートル以内にあり、表情と細部をよく見ることができる。この寸法の空間は、2つの世界の最良のもの、すなわち全貌と細部の両方を与えてくれる。

　トスカーナ地方の都市シエナの中心にあるカンポ広場は大空間である。市庁舎に面した長辺が135メートル、それと直交する短辺が90メートルもある。しかし、外縁部より少し内側に並んでいる車止めの短柱によって体験距離約100メートルの新たな空間が生みだされている。広場はすり鉢を半分にしたように中央が低くなっており、すばらしい見晴らしと活動の舞台を提供している。カンポ広場の例は、大空間でも入念なデザインによって人間的次元を備えられることを示している。

広場──目の能力に調和した滞留と活動の空間

　本節冒頭の議論と関連するが、小径や街路は移動空間であり、その形態は人間の脚による直線的運動に直結している。一方、広場の空間形態と結びついているのは目であり、半径100メートル以内の出来事を把握する目の能力である。街路は「先へ進んでください」と移動の合図を送り、広場は心理的に滞留の合図を送る。移動空間は「進め、進め、進め」と言い、広場は「立ち止まって、ここで起こっていることに目を向けなさい」と言う。脚と目は、ともに都市計画の歴史に消しがたい痕跡を残している。都市建築物によって構成される街区は2種類の空間をつくりだす。それは移動空間の街路と体験空間の広場である。

水平的な感覚器官

　既に述べたように、劇場の入場券は演技を目の高さで体験することができなくなると、急激に値段が下がる。最上階の張出し席からの眺めは特に人気がない。その理由は、人間の感覚器官が水平方向に発達してきたことから説明できる。視覚と他の感覚、そして身体は、進化の過程で、直線的かつ水平方向に歩いて移動する状況に適応してきた。人類の歴史が始まったころ、歩行者にとって大切だったのは前方にひそむ危険と敵を察知し、路上に待ち受ける棘やサソ

水平的な感覚器官

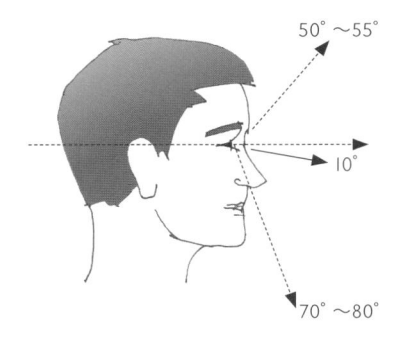

私たちの視覚は水平面上を歩くために発達してきた。私たちはあまり上を見ることができない。下方については進路上の障害物を避ける必要があるので、もう少し広い範囲を見ることができるが、それも限られている。さらに私たちは歩いているとき、一般に頭を10度前傾させている［注5］

低層の建物は人間の水平的感覚器官と調和しているが、高層の建物はそうではない（スウェーデン・マルメのボー01と超高層住宅ターニングトルソ）

店頭の野菜配置も視野の特性を反映している

リを発見することであった。また、進路の両側で起こっている物事に目を配ることもきわめて重要であった。

　目は、正面にあるものを遠くから明瞭かつ正確に見ることができる。さらに、目の光受容器にある桿状体と円錐体は水平性を優先して組織されているので、進行方向を横切る動きは視界の彼方にあっても認知することができる。

　しかし、下向きと上向きの視覚はそれほど発達しなかった。下方については、これから足を踏みだすところに何があるか知ることが重要なので、人間は水平より70〜80度下まで見ることができる。上方の場合、警戒すべき敵が少なく、しかも進化の歴史の後半になって出現したため、視角が水平より上50〜55度に限られている。

　また、私たちは道端で起こっている物事に焦点を合わせる必要があるとき、頭を左右にすばやく動かすことができる。首を曲げて下を向くことも容易にできる。実際、私たちの頭は普通に歩いている

第2章 感覚とスケール　047

感覚と高層建物

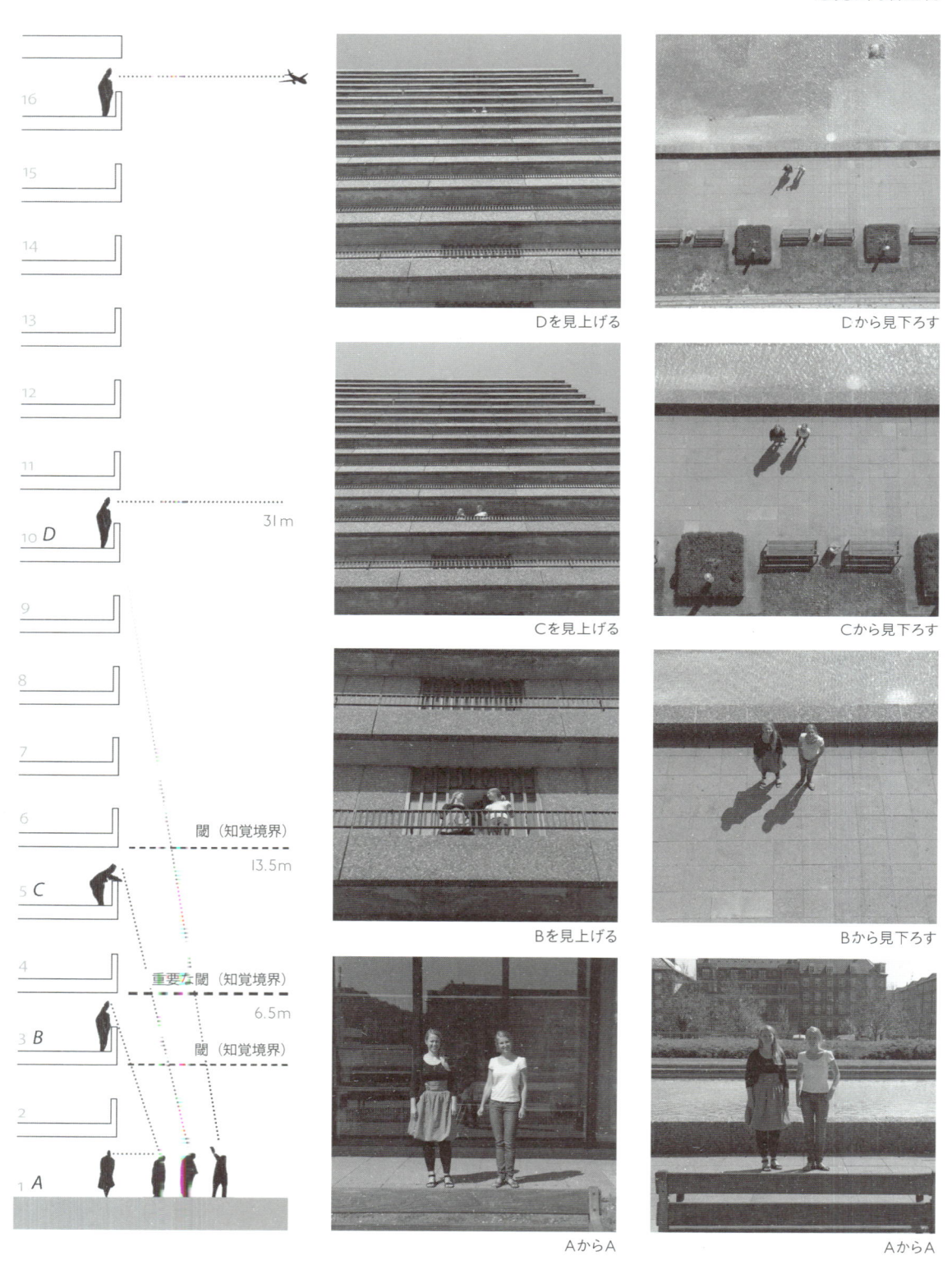

Dを見上げる	Dから見下ろす
Cを見上げる	Cから見下ろす
Bを見上げる	Bから見下ろす
AからA	AからA

閾（知覚境界） 13.5m
重要な閾（知覚境界） 6.5m
閾（知覚境界）
31m

左ページ：建物と街路との交流が可能なのは5階までである。6階以上になると、街との交流が消滅し、交流の対象が眺望、雲、飛行機に変わる

私たちの視界は水平性が強いので、建物に沿って歩いているとき、私たちの関心を引き強い印象を与えるのは1階だけである。1階のファサードが変化に富み、豊かなディテールを持っていると、街歩きも豊かな体験を与えてくれる（スウェーデン・ストックホルムのガムラスタン、アイルランド・ダブリン）

とき通常10度ほど前傾していて、行く手の状況をよく吟味できるようになっている。しかし、頭を上に向けるのはずっと困難である［注6］。

　私たちの感覚と運動器官からはっきり浮かんでくるのは、油断なく前方と下方を注視して進む歩行者像である。しかし、彼の上方への視界は限定されている。そのため、木の上に身を隠すのは昔からうまい方法だった。見下ろすのは簡単だが、見上げるのはそう簡単でない。文字どおり「首を伸ばす」必要がある。

　こうした水平的な感覚器官についての説明は、私たちが空間を体験する方法にも深くかかわってくる。たとえば、通りを歩いているとき、私たちには建物がどれだけ見えているだろうか。当然のことだが、低層と高層の建物では体験が異なる。一般に高い建物の上層階は離れたところからでなければ目に入らず、都市景観のなかで詳細に目に映ることはない。

　目の高さの都市空間で起こっている出来事、また扉や窓越しに見える1階の出来事は100メートルの距離からでも認知することができる。このような状況では、接近することや全感覚を集中することができる。しかし、建物の上の方で起こっている出来事を通りから体験するのはきわめて困難である。高くなればなるほど見るのが難しくなる。上を見るためにずっと後方に下がらなければならず、それだけ距離が大きくなるので、見たり体験したりする対象が小さくなる。大声も身振りもあまり役に立たない。街路と高い建物との結びつきは、5階以上になると実質的に失われてしまう［注7］。

　高層建物とまわりとのコミュニケーションも、同様に1・2階からは良好であり、3～5階からも実行可能である。これらの階から

第2章 感覚とスケール　049

眺める時間

歩いているときは、顔や細かい表情を見る時間がある（ローマのナヴォーナ広場）。自転車に乗っているとき（時速18キロ）や走っているとき（時速12キロ）も、まだ細部をかなり見ることができる

知覚と速度——時速5キロの人間は時速15キロにも対処することができる

は街のアクティビティを見守り追跡することができ、呼びかけ、叫び、腕の動きを理解することができる。つまり、街のアクティビティに実際に参加しているということができる。しかし、5階を超えると状況が一変する。細部が目に入らなくなり、地上の人びとを見分けることも、彼らと意思を通わせることもできなくなる。6階より上のオフィスと住宅は、理屈からすれば航空運輸局の管轄である。少なくとも、もはや街の一部ではない。

　　知覚が受けとった印象を翻訳する人間の感覚器官と組織は、歩行に合わせてつくられている。時速4〜5キロの普通の速さで歩いて

いるとき、私たちは前方で何が起こっているのか見分け、どこに足を踏みだせばよいのか判断する時間を持つことができる。誰かに会えば、100メートルの距離からその人を認めることができる。それから実際に顔を合わせるまで60〜70秒の時間がある。この時間枠を使って私たちは知覚情報を蓄積し、状況を判断し、対応を図ることができる。

時速10〜12キロで走っているときも、まだ知覚的印象を読みとって処理し、状況を適切に制御することができる。たとえば、道が平坦かどうか、まわりの環境を無理なく把握することができるかどうか判断することができる。興味深いことに、時速15〜20キロの普通の速さで自転車に乗っているときも、駆け足の場合とほぼ同様の経験をすることができる。私たちは、自転車に乗っているときも周辺環境や他の人と良好な感覚的交流を保っている[注8]。

道に障害物がたくさんあったり、全体像がひどく複雑だったりすると、見て理解し、反応するのに時間がかかるので、駆け足や自転車の速度が落ちる。全体像と細部の両方を把握するために、時速5キロ程度に減速しなければならない。

高速道路で事故が起きると、反対車線の運転者が状況を見るためにブレーキを踏み、歩くような速さで徐行する。これは、起こっていることを理解するための時間を得るには、ゆっくりした速さが大切なことを示す好例である。もっとたわいのない例では、講義のときにスライドを早く映しすぎると、ちゃんと見る時間をとってほしいと苦情を言われる。

徒歩や駆け足を大きく上まわる速度になると、目にしたものを見分け理解する可能性が大幅に低下する。交通が徒歩を基本にしている古い街では、当然のことながら空間と建物が時速5キロのスケールで設計されている。歩行者はあまり空間をとらず、狭い環境でも

人間のスケールと
自動車のスケール

時速5キロの建築と時速60キロの建築

第2章 感覚とスケール

時速５キロの建築と時速60キロの建築

時速５キロ

時速60キロ

時速５キロ

時速60キロ

時速５キロのスケールには、小さな空間、小さな標識、多くのディテールがあり、人びとがすぐ近くにいる。時速60キロのスケールには大きな空間と大きな標識があり、ディテールがない。この速度ではディテールや人をしっかり見ることができない

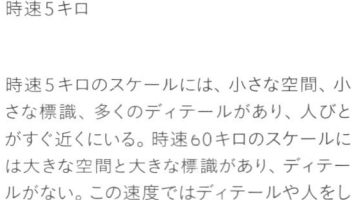

容易に動きまわることができる。彼らは、遠くの山を見渡すと同時に、建物のディテールを詳しく吟味する時間とゆとりを持っている。人びとは、遠くもすぐそばも同じように体験することができる。

　時速５キロの建築は、豊かな知覚的印象に基づいている。空間は小さく、建物どうしが寄り添っており、ディテール、人びとの表情や動きが一体になって豊かで濃密な知覚体験を生みだしている。

　時速50キロ、80キロ、100キロの自動車を運転していると、細かなディテールを捉えたり人を見分けたりする機会が失われる。このような高速では、空間は大きく容易に処理できるものでなければならない。信号や標識は、運転者と乗客が情報を取り込むことができるように、単純で誇張されたものでなければならない。

　時速60キロのスケールがもたらすのは大きな空間と広い道路である。建物は遠くから眺められ、概要だけが知覚される。ディテールと多面的な知覚体験は姿を消す。看板も標識もその他の情報も、歩行者の目には異様なまでに巨大化している。

　時速60キロの建築のなかを歩いても、退屈でうんざりする不毛な知覚体験しか得ることができない。

時速5キロの建築と時速100キロの建築

ヴェネツィアは時速5キロの街であり、小さな空間、洗練された標識、すばらしいディテール、たくさんの人で満たされている。それは豊かな体験と感覚に訴えかける印象を与えてくれる

ドゥバイは主に時速100キロの街である。大きな空間、大きな標識、大きな建物、大きな騒音で満たされている

第2章 感覚とスケール

近い距離：強い印象、長い距離：多くの印象

0〜45センチ
密接距離

45〜120センチ
個体距離

1.2〜3.7メートル
社会距離

3.7メートル以上
公共距離

2.2 感覚とコミュニケーション

長い距離：多くの印象、
近い距離：強い印象

　距離が長いと多くの情報を集めることができる。一方、近い距離では情報の総量は少なくなるが、強力で情緒に深くかかわる知覚情報を得ることができる。嗅覚、触覚、体温のシグナルを感じとる能力など、近い距離で働く感覚に共通しているのは、それらが私たちの感情に最も深く結びついた感覚だという点である。

　人と人とのコミュニケーションにおいて10～100メートルのあいだではほとんど変化が起こらないが、近い距離ではふれあいの性質が1センチごとに劇的に変化する。温かく個人的で強力なコミュニケーションはごく近い距離で行われる[注9]。

4つのコミュニケーション距離

　コミュニケーションの形態は距離によって異なり、距離はふれあいの動機や性質に応じて変動する。コミュニケーション距離の研究によれば、コミュニケーションには4つの重要な閾値がある。たとえばエドワード・ホールは『かくれた次元』のなかで、主に声の大きさの変化に基づいて4種類の明快なコミュニケーション距離を定義している[注10]。

観衆が適度な公共距離をとって大道芸人を取り巻いた結果、観衆の輪ができ、中央に芸を披露するのにちょうどよい空間が生みだされている（パリのポンピドゥーセンター）

　密接距離（0～45センチ）は強い感情をやりとりする距離である。それは愛、やさしさ、慰めの距離であると同時に、立腹や憤怒を伝える距離である。この距離では、嗅覚や触覚のように感情と最も強く結びついた感覚が働く。私たちは抱きしめ、なでさすり、感じとり、ふれあう。接触は親密で温かく、激しく、強い感情を伴う。

　個体距離（45センチ～1.20メートル）は親しい友人や家族間のふれあい距離である。ここでは大切な話題について会話が行われる。食卓を囲む家族は個体距離のよい例である。

　社会距離（1.20～3.70メートル）は、仕事や休暇中の思い出の会話など、さまざまな種類の通常の情報交換が行われる距離である。コーヒーテーブルを囲んだ居間の家具配置は、この種の会話を反映した物的表現の好例である。

　公共距離（3.70メートル以上）は、もっと形式的なふれあいや一方通行のコミュニケーションに対応した距離である。それは教師と生徒、牧師と信徒の距離、また大道芸を見たり聞いたりしたいけれど、積極的に参加したくはないという意思表示をするとき、私たちが選ぶ

手の届く距離

人間も、鳥と同じように個体間の距離を保とうとする。バスを待つ人たちの列を見ると、私たちが手の届く距離を好むことがよくわかる（ヨルダン・アンマン、千葉、カナダ・モントリオール）

距離である。

距離とコミュニケーション

　人びとが他の人と直接意思を伝えあうときは、必ず空間と距離を巧みに使っているのを観察することができる。私たちは近づき、身を乗りだし、あるいは慎重に身を引く。身体の距離だけでなく、温かさや感触も重要な因子である。

　動作、距離、熱意の重要性は言語表現にも反映している。私たちは、やってくる、立ち去る、恋に落ちる、身を引くなどの表現を使う。

また、緊密な友情、あと一歩の敗北、遠い親戚という言葉を口にする。人びとは温かい感情、白熱した議論、熱い約束を交わすことができる。一方、冷たい一瞥や氷のような眼差しを送り、冷ややかにはねつけることもできる。

私たちは、これらの共通ルールを使って、生活のさまざまな局面でコミュニケーションを行う。これらは、私たちが知り合いや初対面の人と関係を持ち、発展させ、調整し、区切りをつけるのを助けてくれる。また、私たちが接触を望んでいるかどうかを相手に伝えるのに役立ってくれる。

このようなコミュニケーションの基本ルールが存在しているので、人びとは安心して気楽に見知らぬ人たちがたくさんいる公共空間を動きまわることができる。

手の届く距離

他の種と異なり、人間は「接触禁止」の個体である。密接距離は強力な感情効果が生まれる範囲であり、特別な承認なしに他者がそこに立ち入ることは望まれていない。この範囲は、各個人によって縄張りのように守られており、見えない個人的防衛圏をなしている。他人は、文字どおり手の届く距離のなかに入ることができない。

手の届く距離の原則、あるいは接触禁止距離の原則は、浜辺、公園、ベンチ、街で誰かまたは何かを待っている場面、バス待ちの行列など、さまざまな状況で観察することができる。人びとは、物理的に可能なかぎり、狭くても安全と快適性に不可欠な距離を保とうとする。

混雑したバスやエレベーターに乗るとき、私たちは避けることのできない肉体的接触に対応するため、筋肉を緊張させ、他人と視線を合わせないようにする。私たちは、エレベーターのなかで腕を両脇にぴったりつけ、たいてい階数表示板をじっと見ている。そこには「身を引く」余地がないので、新しい会話を始めることがほとんど不可能である。

人びとのあいだのコミュニケーションには適度な空間量が必要である。私たちは出来事を制御し、発展させ、終息させることができ

下：衛兵所の前に引かれたペンキの線は、観光客が守るべき公共距離を表示している（スウェーデン・ストックホルムの王宮）
右下：席の選び方に個体距離の尊重が表れている（ニューヨークのワシントンスクエア公園）

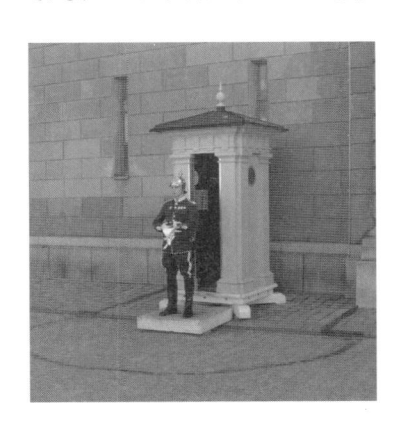

狭いテーブルは個体距離を保ち、活発な会話を誘発する。広いテーブルはもっと儀礼的な場面をつくりだす

なければならない。食卓やコーヒーテーブルを囲んでいるとき、私たちは身を引いたり、乗りだしたりして、絶えず少しずつ会話の距離を制御している。街路や広場では、近づき、身を寄せ、人混みを縫って動き、最後は優雅に退場することによって、それぞれの振付けをみごとに踊りきることができる。良好な会話には一定のゆとりが必要である。それは何メートルもの距離ではない。社会距離と個体距離を調整するちょっとした空間である。

同じ理由で、階段や踊り場は会話に適した舞台ではない。そこには調整の余地がほとんどなく、適切な距離を保つには一方が1・2段上に立って、不自然な高さで向きあわねばならないことが多い。同じ床の上で調整可能な余地を残して会話するほうがずっと快適である。

コミュニケーションと空間の広さ

感覚と交流距離を十分に理解することは、部屋の広さと家具配置を計画するうえで貴重な出発点になる。狭めの食卓で夕食会を開くと、誰もが食卓をはさんで会話することができるので、すぐに楽しい雰囲気が盛りあがる。そこでは、気楽な個体距離のなかに多くの参会者がいる。食卓が広すぎると、人びとは自分の両隣の人としか会話することができない。広い食卓の向かいに座っている人と会話しようとすると、声を張りあげねばならず、他の人たちは会話をやめてしまう。人前で大声を出しているのだから重要な内容にちがいない。そんな暗黙の了解があるようだ。少数の人が寄り添って、他の人びとが公共距離を保っていると、なごやかな楽しい雰囲気はなかなか育たない。集まり全体が堅苦しいものになる。

地域でワークショップをすると、グループ作業をしやすいように、すぐテーブルを移動して4卓ずつの島をつくることが多い。こうすると大きなテーブルを囲んでグループ全員が座ることができる。しかし、テーブルをはさんだ距離が長すぎると、メンバーが互いに深く意思

疎通することができない。テーブルが大きいと誰もが大声で話さねばならず、グループ作業の実質的内容が乏しくなる。小さなテーブルのまわりに多くの人が身体を寄せあって座るほうがはるかに好ましい。そうすれば公共距離にならず、個体距離や社会距離が生まれ、声を張りあげる必要がなく、細かい感情がしっかり伝わる。

言うまでもないことだが、感覚と距離を注意深く扱うことは教育の場でも重要である。教師と生徒が視線を交わし、緊密で多面的なコミュニケーションをとることができるように、距離を近く保つ必要がある。

「ゆとりをつくりすぎないことが肝心」

デンマーク王立芸術大学建築学部で長年にわたって景観デザインの教授（1963〜94年）を務めたスヴェン＝イングヴァル・アンダーソンは「ゆとりをつくりすぎないことが肝心」と言っている。これはすべての教育の場にあてはまる忠告である。「100人の学生を相手の講義をするときは50人用の教室を探しなさい」。すぐに教室がいっぱいになり、誰もが、これだけ大勢の学生が出席するのだから重要な講義にちがいないと考えるだろう。遅れてきた学生は、立って講義を聴けるだけでも幸運と考える。雰囲気が盛りあがり、期待が高まる。講義のあいだ教師と学生との距離が適切に保たれ、誰もが密度の高い授業を受けることができる。

それとは逆に、300席のホールに50人の学生が散らばって座ると、誰もが他の学生はなぜ出てこないのだろうと怪訝に思う。そして、大学の別の場所でもっと大切なことが行われているのではないかと考えだす。ホールの雰囲気が散漫になり、講義に必要以上の距離が生じてしまう。入念に準備された立派な講義でも、教室の空気が盛りあがらず、学生も身が入らない。

日常的な話題を語り合うのに最適な空間。市営温泉の浴槽は、適切な社会距離に合わせて寸法が決められた（アイスランド・レイキャヴィク）

第2章 感覚とスケール

小さなスケールが出来事の多い活気に満ちた「温かい」街をつくる

人と人の温かく濃密なふれあいは近い距離で起こる。同様に、小さな空間と近い距離は、天候にかかわらず温かく濃密な都市環境体験をもたらしてくれる（京都、オーストラリア・パース、デンマーク・ファルム）

スケールを抑えると
街がおもしろくなり、
活気づいて「温かく」なる

　交流の舞台における距離と強度、親密度、温かさの結びつきは、街や都市空間の解読や体験と興味深い対応関係を持っている。
　狭い通りや小さな空間では、まわりの建物、ディテール、人びとを身近に見ることができる。そこには吸収すべきものがたくさんあり、建物と活動があふれていて、私たちはそれらを濃密に体験することができる。
　距離と都市空間と建物が巨大で、市街地が拡散し、ディテールが省略され、人がほとんどいない街や都市開発地区では、体験がこれとは正反対になる。この種の都市環境は人間味がなく、堅苦しく、冷たく感じられることが多い。市街地が大規模で拡散しているところには、たいてい体験するものがほとんどない。特に強く濃密な感情と密接に結びついている感覚にとっては真空地帯である。

大きな空間と大きな建物は、人間味の乏しい、堅苦しく冷たい都市環境の徴候である

第2章 感覚とスケール　　061

攪乱されたスケール

ヴェネツィアにおけるスケールの混乱。近代技術は大規模な建造物を可能にしたが、人間的スケールに対する理解を混乱させている（ヴェネツィアのガリバルディ通りから見た外洋客船）

シンガポール川沿いのスケール変化。古い4・5階建ての建物の背後に新しい超高層ビルが建っている。異なる建物は2つの異なる種族のために設計されたかのようである。当然のことながら、川沿いのほとんどすべての屋外活動は低層建物の前で行われている

自動車は、走行しているものも駐車しているものも、街のスケール感を混乱させる要因となってきた

2.3 攪乱されたスケール

あまりにも大きく、高く、速い

昔ながらの有機的都市は、長い時間をかけ日々の活動を土台にして成長した。移動は徒歩で行われ、建設は何世代にもわたる経験に基づいて進められた。その結果、街は人間の感覚と能力に適合した規模を備えていた。

現在、都市計画の決定は製図板の上で行われ、決定されるとすぐ実現に移される。新しい交通手段の速度、そして往々にして過大な建設事業の規模が、新しい問題を引き起こしている。スケールと調和についての伝統的知識が次第に失われ、多くの新市街地のスケールが、人びとにとって意味のある快適なものとかけ離れてしまっている。

徒歩と自転車利用を促進し、生き生きした、安全で持続可能で健康的な街を実現するには、まず人間的スケールを十分に理解する必要がある。有意義かつ適切にスケールを扱い、小さく緩やかなスケールと他のスケールとの相互作用を捉えるには、人体のスケールを理解することが必要不可欠である。

自動車とスケールの攪乱

自動車と自動車交通の導入が、都市のスケールと次元を混乱させる要因となった。自動車はそれ自体が大きな空間を占有する。バスやトラックの車体が大きいことは言うまでもなく、ヨーロッパの小型車でも、人体に合わせてつくられた空間に侵入するとひどく大きく見える。また自動車は、走行中も駐車中も大きく場所をとる。たった20～30台の駐車場でも、小ぶりで感じのよい広場に匹敵する面積を必要とする。さらに、市街地での移動速度が時速5キロから60～100キロに上がったことによって、あらゆる空間の寸法が桁違いに大きくなり、それに応じて都市景観のイメージや様相も変化した。

自動車と自動車交通は、過去50年以上にわたって都市計画の緊急課題でありつづけた。調和とスケールの感覚は、この時期を通じてどんどん自動車指向を強めてきた。自動車問題がスケールに対する理解を大きく混乱させたため、人間のスケールと自動車のスケールを独立した2つの秩序として捉え、両者の関係を適切に扱うことのできる技量がほとんど育っていない。

小さな自動車でも、中世都市では大きく場所をとる。通学バスは、通りいっぱいになってやってくる（グアテマラのサンティアゴアティトラン）

計画理論とスケールの攪乱

　自動車交通と建設技術が発達すると、計画理論もそれに歩調を合わせ、長い距離、高い建物、速成の建築を導入した。1920年代から30年代にかけて近代主義者が街路と伝統的都市を否定し、機能主義者が衛生的で日あたりのよい住まいを規範に掲げた結果、高速道路に囲まれた高層都市の理想像が普及した。そして、何十年にもわたって、それが世界中の新しい都市開発にきわめて大きな影響を与えた。共用の都市空間を歩き、自転車に乗り、人びとと出会うことは、この理想像に含まれていなかった。

　生きていくことを困難にし、外出する気持ちをくじく街を設計するという点で、この理論に基づいて20世紀に開発された街ほど適切な見本は他にない。

巨大な建物、誇大な思考、
過大なスケール

　社会、経済、建設技術の発達によって、前代未聞のスケールを持つ市街地と孤立してそびえる建物が次第に増加してきた。増大する富が、さまざまな機能の空間に対する需要を膨張させた。工場、オフィス、店舗、住宅、そのすべてが成長した。それに応じて建物の構造が発達し、注文が増え、建設の速度が上がった。建設技術も歩調を合わせ、より広く、長く、高い新しい建造物の建設を可能にする合理的な生産方式が開発された。かつての都市では新しい建物は公共空間沿いに建設されたが、現在の新市街地では、たいてい駐車場と大きな道路に囲まれて人目を引く独立した建物が散在している。

　同じ時期に建築の規範も変化した。かつては都市の文脈を踏まえ、精緻なディテールを備えた建物が重視されたが、現在は遠くからでもひと目でわかる、しばしば難解なデザイン表現を駆使した仰々しい独立作品がもてはやされている。スケールと同じように理念と思

考も巨大化した。

　現代都市がなぜこのような姿をしているのか。都市計画家と建築家の多くがなぜ混乱し、人間的スケールを扱う技量を持っていないのか。経済、技術、思想の変化を知ると、その理由がよくわかる。

人間的スケールを尊重した建物

　このような状況にもかかわらず、この時期に新しい課題と人間的スケールの尊重を結びつける方法を理解していた計画家や建築家も存在した。その一人がイギリス出身のスウェーデン人建築家ラルフ・アースキン（1914〜2005年）である。彼は、ニューカッスルのバイカー団地（1969〜83年）をはじめとする新しい建築において、一貫して人間的スケールを尊重する手法を実践した。

　スウェーデン・マルメのボー01住宅群（2001年）、ノルウェー・オスロのアーケルブリッゲ地区（1986〜98年）、ドイツ・フライブルクのヴォーバン新都市の集合住宅（1986〜2006年）なども、人間的スケールに配慮して設計された新市街地の例である。

　住宅地以外でほぼ例外なく人間的スケールを考慮しているのは、ショッピングセンター、テーマパーク、レストラン、リゾートホテルなどである。そこでは人びとに快適な条件を提供することが、経営成功の必要条件になっている。人間的スケールは、他のスケールの要求とさまざまに組み合わせて実現することができる。これらの例がそれを示している。

　人びとが心地よく街を歩き、自転車を利用するには、良質な人間

建築家ラルフ・アースキンが設計した集合住宅は、大小どちらのスケールも適切に扱うことができる彼の技量を反映している（英国ニューカッスルのバイカー団地）

第2章 感覚とスケール　065

大きな建物——小さな人間

人間的スケールに対する無理解と無配慮が、新都市と既成市街地の大半に影響を及ぼしている。建物と都市空間はどんどん大規模になっているが、それを使う人間は相変わらず小さい（パリのラデファンス、フランス・リールのユーロリール、ブラジリア）

顧客や宿泊客に満足してもらうことが至上命令の場合、屋外空間の次元とスケールを人間的スケールと調和させることに全力が投入される（ヨルダン・死海のリゾートホテル、オーストラリア・フリーマントルの「カプチーノ通り」）

的スケールの原則を都市構造の不可欠な一部にする必要がある。今後、多くの理由から、私たちは多くの大規模な複合施設や巨大な高層建築を建設しなければならないだろう。しかし、人間的スケールを無視する道を選んではならない。

　人間の身体、感覚、移動特性は、人間のための良好な都市計画を実現する鍵である。すべての答えは私たちの身体に内蔵されている。求められているのは、美しい低層部を持った高層建築を建て、目の高さにすばらしい街を実現することである。

「迷ったときは
数メートル削りなさい」

　利用者は少ないが大きな空間を設計したい。「安全のため」に建物のあいだの空間を数メートル拡げたい。このような衝動に駆られたときは、ほとんどの場合、「迷ったときは数メートル削りなさい」という格言に従って広さを抑えたほうがよい。

第2章 感覚とスケール　067

生き生きした、
安全で、持続可能で、
健康的な街

第 **3** 章

生き生きした街——相対概念

都市空間のアクティビティは、私たちの空間知覚に大きな影響を与える。アクティビティのない街路は空っぽの劇場に似ている。観客がいないのは演出に問題があるにちがいない

街のアクティビティは相対概念である。重要なのは人間の数ではなく、その場所に人が生活し、そこを使っているという感覚である（ブラジルとオランダの裏通り、ニューヨーク・フラッシングの街路）

3.1 生き生きした街

街のアクティビティ——プロセス

生き生きした街——生気のない街

　人を引きつける生き生きした街は、それ自体が目指すべき目標だが、安全で持続可能で健康的な街をつくる総合的な都市計画の出発点でもある。人びとが徒歩と自転車で移動できる街をつくるだけでは十分ではない。ゆとりをもって動きまわることができる空間を提供するだけでなく、人びとがまわりの人びとと直接交流を持てるようにすることがきわめて重要である。公共空間は多くの異なる人びとによって利用され、活気に満ちている必要がある。

　公共空間のアクティビティと活気は、機能と感情の面で街の質を大きく左右する。生気のない街を見ると、その重要性を痛感する。生き生きした街は親しみやすい友好的な雰囲気を感じさせ、社会的交流の期待を与えてくれる。他の人びととの存在は、それだけでそこが足を運ぶ価値のある場所であることを物語っている。満員の劇場と閑散とした劇場は正反対のメッセージを発信する。前者は誰もが楽しめる体験を期待させ、後者は期待はずれを予感させる。

　生き生きした街と生気のない街も正反対の信号を発している。建築家が描く透視図は、計画の実態がどうであろうと、必ず建物のあいだに幸せそうな人びとを配置している。これも、公共の場所におけるアクティビティが街の重要な魅力であることを物語っている。

生き生きした街——相対概念

　建築透視図の幸せそうな群衆を例に出すまでもないが、街が生き生きしているかどうかは人数の問題ではない。生き生きした街は相対概念である。村の狭い通りなら、少ない人数でも生き生きした魅力的な絵になる。重要なのは人数や密集度や街の規模ではない。都市空間が魅力的で人を引きつければ、意味深い場所が生まれる。

　また、生き生きした街には多様で複合的なアクティビティが必要である。余暇活動と社会活動のための場所に加えて、必要な歩行者交通のための余地が残されていて、都市的アクティビティに参加する機会が確保されていることが大切である。ある場所から別の場所へと先を急ぐ群衆がひしめきあう歩道は、街のアクティビティにふ

街のアクティビティ――自己増殖プロセス

何も起こらないから何も起こらず、そして何も起こらない（コペンハーゲンのツボーハウン）

街のアクティビティは自己増殖プロセスである。何かが起こるから何かが起こり、そこからまた何かが起こる。いったん子供たちの遊びが始まると、すぐにもっとたくさんの仲間が集まってくる。大人の活動にも同じようなプロセスが見られる。人は人のいるところにやってくる

さわしい条件を備えていない。生き生きした街には、必要な最低人数のような量的問題も無視できないが、質の問題がそれに劣らず重要であり、人びとを多面的に引きつけることができなければならない。

街のアクティビティ
──自己増殖プロセス

人を引きつける街には注意深くデザインされた公共空間が必要である。それは街のアクティビティを増進させるプロセスを支えるものでなければならない。そこで考慮すべき重要な前提条件は、街のアクティビティが潜在的に自己増殖するプロセスだという点である。

スカンジナビアでは「人は人のいるところにやってくる」という格言がよく使われる。人びとは、他の人びとの存在や活動にごく自然に触発され、引きつけられる。子供は、他の子供たちが外で遊んでいるのを窓から見ると、すぐに出ていって彼らと合流する。

1＋1がすぐに3以上になる

屋外活動に適した習慣と日常生活が存在するところでは、良好な空間と臨界量の2つの条件が満たされると、小さな出来事が大きく育ちはじめる。このプロセスがいったん動きだすと、強力な前向きの連鎖反応が起こり、1＋1がすぐに3以上になる。

何かが起こるから何かが起こり、そこからまた何かが起こる。

一方、境界のはっきりしない吹きさらしの都市空間で、広い場所に少数の人が分散していたり、「近所」に子供がほとんどいなかったりするところでは、正反対の現象が目につく。このような環境のもとでは、前向きのプロセスの足場が存在しないので、人びとが屋外に足を運ぶ習慣が育たない。

何も起こらないから何も起こらず、そして何も起こらない。

人びとと出来事を集中させるか、分散させるか

近年開発された多くの市街地では人や出来事がまばらに拡散していて、都市空間を満たすだけの人と活動が欠けている。新しい市街地で街のアクティビティが自己増殖プロセスを起こすには、入念な都市計画によってアクティビティを集中させる必要がある。

行事やパーティを計画したことがある人は、場を盛りあげるにはアクティビティの集中が鉄則であることをよく知っている。多くの客が見込めないときは、彼らを同じ階の少数の部屋に集める必要がある。ちょっと混雑しても大きな問題は生じない。むしろ、まったく逆である。客をいくつもの大きな部屋に分けたり、複数の階に分散させたりすると、間違いなく印象の薄い催しになってしまう。

行事を成功させる鉄則は、現代の都市計画でも、特にあまり多くの訪問者を見込むことのできない場所に適用することができる。そこでは、人とアクティビティを同じ高さにある適切な大きさの限られた空間に集中させる必要がある。

この単純な原則が一貫して適用されているのはヴェネツィアであ

新しい住宅地区は人口密度が低い。1世紀前は、同じ面積に約7倍の人が住んでいた［注1］

	1900年 旧市街地	2000年 新市街地（高密度）	2000年 新市街地（低密度）	2000年 新市街地（郊外）
平均世帯規模	4人	1.8人	2人	2.2人
住民1人あたりの平均面積（㎡）	10	60	60	60
容積率	200%	200%	25%	20%
1ヘクタールあたりの住戸数	475	155	21	8
1ヘクタールあたりの住民数	2,000人	280人	42人	17人

人と出来事を集中させることが大切である。しかし、新しい住宅地区の屋外空間は一般に多すぎ、大きすぎる。そのような場所では、街のアクティビティを促進するプロセスが始まるきっかけをつかめない

る。そこは緻密な都市構造を持ち、多くの歩行者が街に満ちていて、さまざまな規模の街路と路地と広場があるが、基本構造は驚くほど単純である。すべてが重要な目的地を結ぶ少数の幹線街路のまわりに集中していて、主要な広場と小さな広場のあいだには厳密な段階構成がある。街全体が、少数の重要な空間とそれを結ぶ最短経路によって構成される明快なネットワークを中心にしている。重要な空間が限られていて、道が歩くのに適した経路をとっていれば、個々の空間の質を高めることに力を注ぎやすくなる。商店、レストラン、記念建造物、各種の公共機能を、人の通る場所に配置することが容易になる。歩く距離が短く感じられ、移動中の体験も豊かになる。実用と楽しみを、すべて徒歩で結びつけることができる。

これらはどれも現代の都市計画で大いに役立つ特質である。街のアクティビティを増進するキーワードとして次の3つを挙げておきたい。理にかなった簡潔な最短距離の経路、ほどよい大きさの空間、そして空間の重要度がはっきりわかる明快な段階構成。

これらの原則は、最近の多くの市街地で実践されている都市計画とは正反対である。それらの街ではたいてい共用空間が多すぎ、個々の空間が大きすぎる。街路、並木道、路地、大通り、小径、バルコニー、庭園、屋上庭園、中庭、広場、公園、遊び場など、雑多な空間が計画地いっぱいに気前よくまき散らされている。それぞれの特性や相互関係がほとんど考慮されておらず、どの空間が重要なのか、はたまたそれを建設することに意味があるのかどうかさえ定かでない。その結果、ほとんどが利用者数の割に大きすぎる空間になっている。建築家が描く完成予想図では、人間の数が少なくても、それをいろいろな場所に適当に配置することができる。しかし実際は、前向きの連鎖反応に必要な足場がどこにもない。

何も起こらないから何も起こらず、そして何も起こらない。

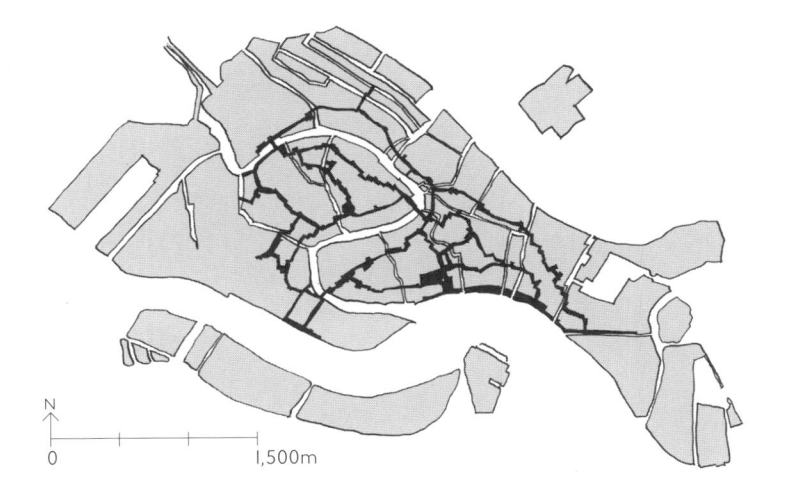

求む──合理的な短い経路、小さな空間、都市空間の明快な段階構成

ヴェネツィアの幹線街路網は、複雑に見えるかもしれないが簡潔で無駄がない。その街路は、主要な橋、重要な広場、船着き場など、街の最も重要な拠点をできるだけまっすぐ結んでいる

高密度の街——生き生きした街？

高密度の街、生き生きした街
——条件つきの真実

　生き生きした街には、高い建築密度、そして住宅と職場の大きな集積が必要であると広く信じられている。しかし、生き生きした街に本当に必要なのは、魅力的な都市空間とそれを利用したいと考える一定数以上の人間である。建築密度は高いが都市空間が貧弱で、まったく機能していない場所が多い。新しい市街地には密度が高く開発の行き届いた例が少なくないが、その都市空間は過剰で大きすぎ、質が低く、足を踏み入れる気を起こさせない。

　実際、不適切な高密度が良好な都市空間の実現を妨げ、街のアクティビティを低下させている例をよく目にする。シドニーの中心街には高層ビルがひしめいている。多くの人びとが、強い風の吹き抜ける暗く騒々しい街路沿いに住み、働いている。人びとは街路を使ってひとつの場所から別の場所に移動することができるが、それ以外には街路を使う気になれない。ニューヨークのマンハッタンでも、超高層ビル群の足もとに暗く味気ない街路がたくさんある。

適切な密度と良質な都市空間

　一方、同じニューヨークのグリニッチヴィレッジとソーホーは、マンハッタンほどではないが比較的密度の高い地区である。しかし、建物が高くないので、並木に縁どられた街路には日射しが届き、アクティビティが存在している。これらの地区は、どの建物もあまり階数が多くなく、魅力的な都市空間を備えていて、より多くの人が住み、働いている高層で高密度な地区よりはるかに多くのアクティビティを生んでいる。ほとんどの場合、超高密度の地区より適切な密度と良質な都市空間のほうが望ましい。密度の高すぎる地区では、往々にして魅力的な都市空間をつくることが難しい。

　このような高層ビルは、街のアクティビティを低下させるもうひとつの問題点を抱えている。それは、住宅でもオフィスでも4・5階までに住み、働いている人たちと比べて、上層階の人たちの街に出ていく頻度が低いことである。低層階の住人は都市空間と視覚的な結びつきを持っており、出入りの「移動」を長いとか面倒だと感じることが少ない。

　デンマークの住宅地で行われた数多くの調査によれば、2階建てから2階半建てのタウンハウス団地では、多くの場合、それより高い建物の団地より1戸あたりの街路アクティビティと近所づきあいがはるかに多く見られる[注2]。

　開発業者と政治家は、街に活力を注入するために高層・高密度の開発が必要だと主張することが多い。しかし、高層ビルを建設して著しい高密度と貧弱な公共空間をつくるのは、生き生きした街を実現するうえで有効な処方箋とはいえない。

街のアクティビティは量と質の問題である。密度だけで街路のアクティビティが生まれるわけではない。高密度の建物には多くの人が住み、働いているが、まわりの都市空間は暗く不気味なものになりがちである（ニューヨークのロワーマンハッタン）

高密度──必要なのは適切な密度

街のアクティビティは単独で生じるものではない。また、高い密度を用意すれば自動的に出現するものでもない。この問題を解決するには、的確かつ柔軟な取り組みが必要である。生き生きした街は、コンパクトな都市構造、適度な人口密度、徒歩や自転車にとって無理のない距離、質の高い都市空間を必要としている。密度は量を表すものだが、それを良好な都市空間という質に結びつけることができなければならない。建物を過度に高層化せず、街路を薄暗くしない。住人が出入りの「移動」を重荷に感じるような精神的障壁をつくらない。適切な建築手法によって、これらの課題に応えつつ高い建築密度を実現する道はたくさんある。

密度と良質な都市空間
── 伝統的市街地

多くの都市の旧市街では、パリやコペンハーゲンのようにコンパクトな密度と良質な都市空間が一体になっている。セルダが計画した有名なバルセロナも、みごとな都市空間と活気に満ちた街路アクティビティを備え、実質的にマンハッタンより開発密度が高い。

密度と良質な都市空間
── 新市街地

新市街地の傑出した例はノルウェーの首都オスロの湾岸開発アーケルブリッゲ（1984～92年）である。そこでは密度、用途の混合、良質な都市空間に対して注意深い配慮が払われている。高い建築密度（260パーセント）にもかかわらず、街路沿いの階数を抑え高層部を大きく後退させているので、建物の見かけの高さが軽減されている。

街路に面した1階に活動的用途が置かれ、それらと都市空間がうまく調和している。さらにデザインの質が高いため、人びとは心から楽しんで時を過ごしている。この地区はヨーロッパで数少ない魅力的な新市街地のひとつである。密度は高いが適正である。

オスロのアーケルブリッゲ地区（1984～92年）は、高い建物、高い密度と人びとをひきつける都市空間を両立させた数少ない新規開発地区のひとつである。そのおかげで魅力的な人気のある地区になっている

第3章 生き生きした、安全で、持続可能で、健康的な街　077

交通がゆっくりしていると街が生き生きする

街のアクティビティは数と時間の関数である。歩行者の街では、視界のなかに人が長時間いるので、街路にいつもアクティビティがある（ヴェネツィア、北京の路地「胡同」）

自動車専用道路を高速で移動する交通の場合、数は多いが、すぐに視界から消えてしまう。交通の流れが緩やかになったり、渋滞で止まってしまったりすると、視界に入ってくる自動車の数は増える

数と持続時間：量と質

街のアクティビティ
——人数と時間の関数

　既に述べたように、都市空間のアクティビティは利用者の数に左右されると広く信じられている。しかし、問題はそれほど単純ではない。利用者の数（量）はひとつの因子だが、利用者が公共の都市空間で過ごす総時間も、街のアクティビティにとって同様に重要な因子である。街を動きまわっているときに体験する都市空間のアクティビティは、約100メートルの社会的視野内でどれだけのものを見たり体験したりできるかによって決まってくる。視野内の活動は、そこにいる人の数とそれぞれの利用者がそこで過ごす時間の長さに左右される。活動の水準は数と時間の積である。多くの人がいても足早に空間を通過すれば、そこから生じる街のアクティビティは、ゆっくり時を過ごす一握りの人たちよりずっと少ない。

　コペンハーゲンの幹線歩行者街路のひとつであるストロイエでは、人びとの歩行速度が夏季は冬季より35パーセント遅くなる。これは、人数が同じでも街路の活動水準が35パーセント上昇することを意味している[注3]。一般に、天気がよいと都市空間の活動水準が劇的に高まる。この差の原因は、街に出てくる人が必然的に増えるためというより、個々の利用者がより多くの時間を街で過ごすためである。天気がよいと、私たちはゆっくり歩き、頻繁に立ち止まり、ベンチやカフェでちょっと腰を落ち着けたくなる。

交通がゆっくりしていると街が生き生きする

　街のアクティビティは「どれだけ多く」と「どれだけ長く」の積である。このことを念頭に置くと、多くの都市現象を理解しやすくなる。街のアクティビティを強化するには、計画にあたって数と時間の双方を考慮することが必要である。

　ヴェネツィアは人口が大きく減少しているが、きわめて高い水準の活動を維持している。それは、すべての移動が徒歩で行われ、誰もがゆっくり歩き、自然発生的な滞留が多く見られるためである。ゴンドラをはじめとする水上交通も心地よいテンポで行き交っている。人や舟の数がそれほど多くなくても、常に見るべきものが視界のなかにある。交通がゆっくりしていると街が生き生きする。

　これと対照的に、自動車中心の多くの新しい郊外にははるかに多くの人がいるが、交通が高速で、滞留する人がほとんどいない。自動車は、私たちが視野に捉える前に走り去ってしまう。そのため、そこには体験すべきものがほとんど存在しない。高速の交通は生気のない街を生む。街路の交通と計画方針を検討するとき重要な論点のひとつは、人びとがゆっくり移動すると街のアクティビティが高まるという点である。人びとが歩きたくなり、自転車を利用したくなる街をつくることができれば、交通が減速され、街路のアクティ

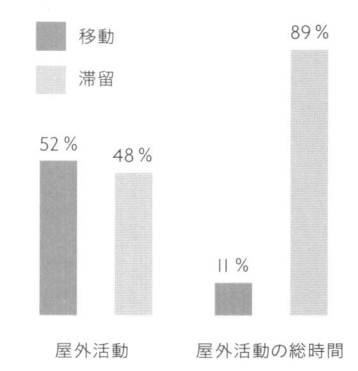

屋外での滞留が長くなると街が生き生きする

カナダで12の住宅地区街路を対象に実施された屋外活動調査。活動の過半数を「移動」活動が占めているが、それらはどれも持続時間がとても短い。滞留活動の持続時間は平均して移動活動の9倍あり、その結果、街路アクティビティの89パーセントを占めている[注4]

ビティが高まり、豊かな体験が可能になる。

滞留が長くなると街が生き生きする

1977年、カナダのウォータールーとキッチナーでいくつかの街路を対象に公共空間の活動調査が行われた。それによれば街路沿いの全活動の半数は、自動車、自転車、徒歩のいずれかによる移動であった。そして、残りの半数は街路上や街路沿いで人びとが行っている活動であった。後者には、遊び、掃除や修繕、庭の手入れ、おしゃべり、前庭や玄関前に腰掛けて人や出来事を眺めている住民が含まれている。移動している人と住まいの近くで時を過ごしている人はほぼ同数であった。しかし、玄関から街角までの距離が100メートルしかないので、移動に要する時間はあまり長くなかった。自動車を降りて自宅の玄関まで歩く所要時間も平均30秒と短かった。結果的に、移動は街路のアクティビティにあまり貢献していない。

これと対照的に滞留活動はずっと長く継続し、各種の滞留活動の合計が街路アクティビティの89パーセントを占めていた。移動による街路アクティビティは11パーセントにすぎなかった。この結果は、滞留の長さと生き生きした街の相関関係を裏づけている[注5]。

コペンハーゲンとオスロで、新旧両市街地の歩行者専用広場における街のアクティビティ調査が行われた。これらの調査は、生き生きした魅力的な都市空間をつくるうえで、数だけでなく持続時間を

増やすことの重要性を裏づけている。調査対象地は、いずれも1日5,000〜1万人の歩行者が利用する広場である。しかし、ある広場はアクティビティに満ちているのに他の広場は閑散としている。違いの理由ははっきりしている。前者では滞留、体験、憩いと歩行の機会が結びついているが、後者の広場はこちら側から向こう側へ歩行者を運ぶ役割しか果たしていない。歩行と滞留が結びついた広場では、通過するだけの広場に比べて10〜20倍、時には30倍もの活動が記録されている[注6]。生き生きした魅力的な街を目指すのであれば、滞留の機会と魅力を重視することが必要不可欠である。

より多くの人
―― それともより多くの時間？

政治家、開発業者、不動産業者、建築設計者が生き生きした魅力的な街を実現することに関心を持つのなら、高層・高密度に焦点をしぼるのは的はずれであり、重要な点は別にあることを忘れないでほしい。街のアクティビティに影響を与えるのは、量的には多くの人を引きつけることであり、質的には人びとの滞留時間を長くし、交通を減速することである。そして多くの場合、質を高めることのほうが、すなわち来訪者数を増やすより、そこで多くの時間を過ごす欲求を高めることのほうが容易で効果が大きい。また、数と量を増やすより、時間と質を高める取り組みのほうが、日常生活にとっても都市の質を改善するのに役立つことが多い。

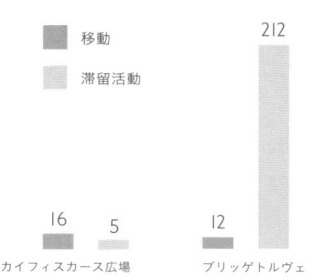

上の棒グラフは、コペンハーゲンとオスロの新しい広場で夏季の正午〜午後4時に行った調査結果を示している
右上：歩行者は、地下鉄駅とショッピングセンターにはさまれた広場を1分以内で足早に通り抜けていく（コペンハーゲン・エアスタッドのカイフィスカース広場）
右：人びとはここを気持ちよく歩き、時を過ごすことができるので、天気のよい夏の日、この広場の活動水準はカイフィスカース広場の10倍以上に達する（オスロ・アーケルブリッゲのブリッゲトルヴェ）[注7]

エッジ──街と建物が出会うところ

かたわらで談笑

出入り

そばを歩く

そばに立つ

かたわらでひと休み

戸口に立つ

店先で買い物

現金の出し入れ

展示に見入る

腰かける

そばに座る

内外で見交わす

柔らかいエッジ——生き生きした街

街と建物が出会うところ

　街のエッジをどのように処理するかによって、都市空間のアクティビティが大きく左右される。その点で特に建物の低層階の扱いが重要である。この部分は街に出たとき人びとがそれに沿って歩くゾーンであり、間近に、それだけ濃密に眺め体験する建物の顔である。それは建物に出入りし、屋内と屋外のアクティビティが互いに影響しあう場所である。つまり街と建物が出会う場所である。

空間を画定するエッジ

　街のエッジは視野を限定し、個々の空間の輪郭を画定する。エッジは空間体験に決定的な影響を与え、個々の空間を場所として認識するのに大きく貢献する。住まいの壁が活動を支え、安心感を与えるのと同じように、街のエッジは結びつき、快適、安心の感覚を提供してくれる。交通量の多い道路に四面を囲まれた多くの広場では、空間にエッジがなかったりエッジが弱かったりする。魅力的なエッジに面していて、それがアクティビティを補強している都市空間に比べて、これらの広場は機能が大きく低下している[注8]。

交流ゾーンとしてのエッジ

　建物の1階に沿ったエッジは、内外をつなぐ扉や交流場所が配置されるゾーンでもある。エッジは、屋内や建物のすぐ外側のアクティビティに街のアクティビティと交流する機会を提供する。屋内の活動は、このゾーンを介して街に展開していくことができる。

滞留ゾーンとしてのエッジ

　エッジは、腰掛けたり立ち止まったりするのにも格好の機会を提供する。そこには恵まれた局所気候があり、背後が保護されていて、正面性の強い感覚器官を駆使して状況を楽しむことができる。私たちは、背後から不快な不意打ちを受ける心配をせずに、その空間で進行しているすべてのことを心ゆくまで眺めることができる。エッジは、街なかで時を過ごすのに最適な場所である。
　屋内外を問わず、私的空間だけでなく公共空間でも、人びとが壁に寄り添う一般的傾向を確認することができる。アクティビティはエッジから中央に向かって成長する。舞踏会では、ダンスの合間に壁の花が壁際に並んでいる。歓迎会では、たいてい客が壁際に固まっていて、少ししてから部屋のなかを自由に動きまわるようになる。屋外活動を始める子供たちは、最初は玄関のまわりをうろうろしていて、遊びが本格化してから空間全体に拡がっていく。活動がひと段落すると子供たちはエッジに戻り、新しい遊戯や活動が始まるまでひと休みしたり、まわりを眺めたりしている。
　公共空間で待たなければならない人にとって、エッジ沿いは時間をつぶすのに格好の場所である。ベンチや歩道のカフェなど、長い

狭い間口——多くの戸口を

ヴェトナムのハノイでは、フランス植民地時代、法規制の影響で街のいたるところに狭い間口と多くの戸口が出現した。この原則は新市街地にも推奨したい（コペンハーゲンのスルーシホルメン、2007〜09年）

世界各地で、魅力的な商店街には同じリズムが見られる。100メートルのあいだに15〜20店舗が並ぶと、歩行者は4〜5秒ごとに新しい経験をすることができる（中国・長沙、英国ミドルズブラ、ニューヨーク）

時間を過ごす場所でもエッジが好んで選ばれる。エッジ沿いに座ると背後が保護され、前面に気持ちよい眺めが展開する。エッジにパラソルや庇が設けられていれば、日陰にいながら全体を見渡すことができる。明らかに、そこは身を置くのに絶好の場所である。

体験ゾーンとしてのエッジ　　　　　歩行者は、1階を身近に、強く体験する。2階以上は私たちの直近の視野に入ってこない。街路の向こう側の建物もそうである。私たちは、上の階と街路向こうの建物を離れた距離から眺める。そのため、それらに対する知覚にはディテールと強度が欠けている。
　街を歩いているとき、1階については状況がまったく異なる。私たちは、ファサード（建物の正面）や陳列窓のディテールを隅々までじっくり味わう。ファサードのリズム、素材、色彩、建物の内部や近くにいる人びとを詳しく観察し、それによって歩くのが楽しく内容豊かであるかどうかが決まってくる。都市計画家は、主要歩行経路沿いの1階を活動的で興味深いものにする努力を払わねばならない。上記の事実がそれを裏づけている。視覚を中心とする体験にとって、他の要素が果たす役割はずっと小さい。

よいリズム——きめ細かな細部　　　　歩いて街を動きまわると、建物の1階が提供してくれるものを十分に体験し、豊かな細部と情報を心ゆくまで味わうことができる。歩くことが興味深く有意義になり、時間があっという間に過ぎ、距離が短く感じられる。しかし、経路沿いのエッジがつまらなかったり、1階が閉鎖的で単調だったりすると、貧弱な体験しか得ることができず、歩くのが長く感じられる。プロセス全体が無意味で退屈になり、歩く意欲を失ってしまう。
　刺激を遮断した部屋に被験者を入れた心理学実験によると、私たちの感覚は4〜5秒という短い間隔で刺激を必要としており、それによって刺激不足と刺激過剰のあいだの均衡が保たれている[注9]。興味深いことに、洋の東西を問わず、活気があり繁盛している商店街では店舗や屋台の間口が平均5〜6メートルである。これは100メートルのあいだに15〜20店舗が並ぶ計算になる。通常の歩行速度は100メートルあたり約80秒なので、これらの街路は約5秒ごとに新しい活動と光景が展開するリズムを持っていることになる。

狭い間口——多くの戸口を　　　　　商店街沿いに狭い間口の多くの店舗と多くの戸口を——この原則は買い手と売り手に最適な接触機会を提供する。戸口が数多くあると、それだけ建物内外の交流点が増える。体験するものが豊富にあり、心をそそる多くの可能性が生まれる。多くの新しいショッピングモールが、狭い間口と多くの戸口の原則を採用している。それも意外なことではない。また、それは歩道沿いの店舗数を増やす効果も持っている。

そして、ファサードに垂直の凹凸を　　1階に店舗が置かれているところでも、住宅など他の用途に使われている街のエッジでも、1階ファサードに垂直方向の分節をほどこすことが重要である。こうした工夫をすると、歩行距離が短く、また興味深く感じられる。それと対照的に、長い水平線でデザイン

柔らかいエッジ——硬いエッジ

スケールとリズム
時速5キロのスケールに狭い間口と多くの戸口を持ち、緊密で興趣に満ちている。時速60キロのスケールは走行中の運転者に適しているが、歩行者向きではない

時速5キロ 　　時速60キロ

透明性
展示してある商品や建物のなかで起こっていることが歩行者からよく見えると、街歩きが促進される。これは双方向に作用する

開放的 　　閉鎖的

多くの感覚への訴えかけ
興味深い印象や機会を与えてくれる建物に近づくと、私たちの全感覚が活性化する。一方、8枚のポスターではわくわくしない

双方向的 　　受動的

質感とディテール
街の建物は、ゆっくり歩いている人を引きつける力を持っている。魅力的な1階は、質感、良質な素材、豊かなディテールで私たちを楽しませてくれる

興味深い 　　退屈

混合機能
狭い間口と多くの戸口に多彩な機能が加わると、内外の交流点が増え、体験の種類も豊富になる

多彩 　　均一

垂直方向のファサードのリズム
1階のファサードが垂直方向のリズムを持っていると、歩くのがそれだけ楽しくなる。また、水平性の強いファサードに比べて、距離も短く感じられる

出典：「建物との遭遇」
Urban Design Internaticnal, 2006.

垂直性　　水平性

されたファサードは距離を長く感じさせ、退屈なものである。

柔らかいエッジ──硬いエッジ

狭い間口、多くの戸口、垂直に分節されたファサードは歩行体験を濃密にする。1階で行われる活動、そして街路アクティビティとの機能的相互作用が、街のアクティビティに重要な影響を及ぼす。

話を明快にするため両極端の体験機会を紹介しよう。ひとつは「柔らかいエッジ」の街路である。そこは店が軒を連ね、ファサードが開放的で、大きな窓と多くの開口部があり、商品が陳列されている。見たり触れたりするものが豊富にあり、歩みを緩め、時には立ち止まりたくなる。これと正反対の例が「硬いエッジ」の街路である。こちらは1階が閉鎖的で、歩道に沿って黒い色つきガラス、コンクリート、石やレンガの壁がつづいている。戸口はほとんどなく、体験すべきものも乏しい。このような街路には、必要がなければ足を運ぶ気にならない。

活気ある建物の前には7倍以上のアクティビティ

エッジの質が街のアクティビティに与える影響について、長年、多くの研究が行われてきた。それらの研究は、柔らかいエッジと生き生きした街のあいだに密接な結びつきがあることを明らかにした。2003年にコペンハーゲンで行われた研究では、いくつかの街路で活発な建物と不活発な建物の前の活動量が調査された[注10]。

開放的で活気のある建物の前では、歩行者が歩みを緩め、建物に目を向ける顕著な傾向が見られ、足を止める人も少なくなかった。閉鎖的な建物の前では、歩調が目立って早くなり、目を向けたり立ち止まったりすることがずっと少なかった。活発な建物と不活発な建物の前の街路調査の結果、歩行者の通行量が同じ場合、活気のある建物のそばに寄っていったり足を止めたりする人の数は、活気のない建物の前の活動水準に比べて平均して7倍も多かった。これは、柔らかいエッジの街路では人びとがゆっくり歩き、頻繁に立ち止ま

2003年にコペンハーゲンの商店街で行われた調査では、活動的ファサードの前の活動水準が受動的ファサードの前より7倍も高かった[注11]

1階の活気を高める政策を

頭上の表示によれば、このスーパーマーケットは年中無休で開いている。しかし、歩道に対しては開いていない（オーストラリア・アデレード）

メルボルンとストックホルムにおける街角改良の前後。両市とも活動的ファサード政策を採用している

り、しばしば店の前を行ったり来たりするためである。

さらに興味深いのは、街路に活気のある場所では、店舗や建物と無関係な他の活動も数多く行われていた事実である。不活発な建物の前に比べて、はるかに多くの人びとが携帯電話で話し、立ち止まって靴紐を結びなおし、買い物袋の中身を整理し、談笑していた。街のアクティビティが自己増殖するプロセスであるという原理とみごとに一致している。「人は人のいるところにやってくる」。

閉鎖的な1階ファサード
――生気のない街

柔らかいエッジを持った街路は、人びとの活動パターンと都市空間の魅力に重要な影響を及ぼす。開放的で入りやすく、活気のある建物は、都市空間に良質な人間的スケールを与える。そこでは多くの物事を目の高さで詳細に体験することができる。

1階の質が街全体の魅力を大きく左右する。それなのに新旧を問わず多くの街で、1階がなおざりに扱われているのは理解しがたい。長い閉鎖的な壁面、わずかな戸口、無表情なガラス壁は「立ち止まるな」と告げているようである。このような建物が街にはびこると、人びとは街を歩くのをあきらめ、家路を急ぐようになる。

生き生きした街には
1階の活気が必要

ストックホルムでは、中心市街地の都市環境の質を改善する取り組みの一環として、1990年に1階の魅力度を地図化する調査が行われた［注12］。そこで用いられた評価方法は、その後、いろいろな都市で同様の調査を行っていくなかで改良されていった。

1階の魅力度を地図化すると、街のなかの問題箇所を摘出し、主要街路の実態評価に利用することができる。この情報は、都市計画家が有効かつ的確な1階計画指針を作成するための土台になる。それは、都心の重要な歩行経路沿いを中心に、新たに建設される建物の1階の魅力を高め、既存の建物群が抱える問題を明らかにして段階的解決を図る指針である。

コペンハーゲンとストックホルムにおける1階ファサードの問題箇所分布図。ストックホルムの中心市街地では、1950年代から60年代に大規模な都市改造が行われた。この時期の建物にはしばしば閉鎖的なファサードが見られる。記録作成によって、この問題が正確に摘出された（記録作成方法については249ページ参照）［注13］

コペンハーゲン

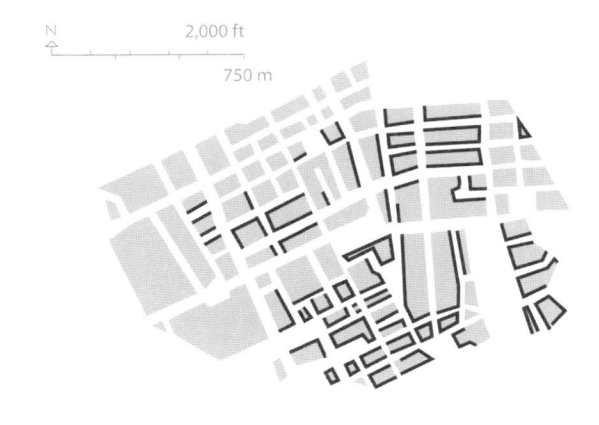

ストックホルム

メルボルンでは、こうした１階計画指針が作成され、画期的な改善に結びついた。また、他のいくつかの都市や地区でも、この問題に対処する取り組みがなされつつある。オスロの港湾地区における新市街地の計画は、１階の魅力が街の将来の質を大きく左右する場所を重点ゾーンに指定している。このような計画の実現を保証するひとつの方法は、地区の魅力に大きな影響を与える１階の賃料を下げることである。地区が魅力的になり人気が出れば、全体の不動産価値が上がり、値下げ分を補う賃料収入を得ることができる。

柔らかいエッジ——住宅地区

　建物と街の接点であるエッジは、住宅の質にも決定的な影響を及ぼし、周辺市街地の活気を大きく左右する。エッジとそのまわりは、住宅地で最も活動的な屋外エリアである。そこには住宅の正面入口があり、私的領域と公的領域の交流ゾーンになっている。また、屋内の活動がテラスや前庭にあふれだし、公共空間とほどよく接触する場所である。エッジ周辺は、道行く人が目をとめ体験する場所でもある。

　建築家ラルフ・アースキン（1914〜2005年）が筆者に与えてくれた助言が、エッジの重要性を端的に要約している。「目の高さの建物群が楽しくわくわくするものであれば、地区全体が楽しくなる。だからディテールに十分に気を配って、エッジを魅力的にしなさい。上の階は、機能的にも視覚的にもずっと重要度が低い[注14]」。

　住宅地区におけるエッジのデザインと利用については、世界中に興味深い例がある。たとえば、英国の2戸建て住宅の前庭、オランダの「玄関階段」、日本の伝統的町家の軒先、北米の「ベランダ式玄関」、ニューヨーク・ブルックリンの石造町家の玄関階段と踊り場、オーストラリアの低層町家の前庭などがそれである。それらは、どれも古い住宅街に見られる半私的ゾーンのデザイン例である。世界各地の新しい集合住宅にも、数は少ないが、注意深くデザインされたエッジの示唆に富む例がある。

　しかし、多くの新しい住宅地では、駐車場や車庫がわがもの顔にエッジを占領している。時には１階を廃止して、芝生や歩道から海辺の崖のようにそそり立っている住宅もある。この種の住宅に住んでいる人は、段階的な移行や変化を省略して、私的領域から公的領域へ一足飛びに移動する。

柔らかいエッジ
——住宅地の街路アクティビティ

　半私的な前庭と滞留ゾーンが、住宅地街路のアクティビティと活気に重要な役割を果たす。多くの研究がそれを裏づけている。メルボルン大学は、1976年に住宅地区の17の街路を対象に大規模な調査を行った。対象地には、2戸建て住宅が軒を連ねる古い地区も1戸建て住宅が並ぶ郊外住宅地も含まれていた。調査では、半私的な前庭のある地区とない地区の双方において、終日の活動の詳細な観

住宅地区における柔らかいエッジ：メルボルンの事例

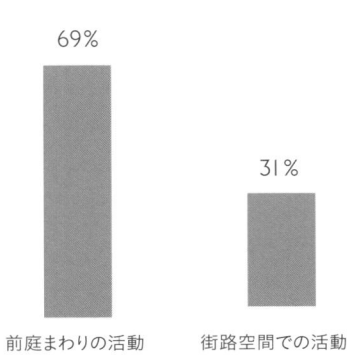

オーストラリアのメルボルンで17の住宅地区街路を対象に行われた屋外活動調査を見ると、柔らかいエッジの効果がはっきり現れている。記録された全活動の69パーセントが半私的な前庭またはその周囲で行われていた。街路で行われていた活動は残りの31パーセントであった［注15］

察記録が作成された。その結果、活動の正確な位置と街路活動の性格が総合的に把握された。

最も活発な活動が見られたのは古い住宅地の街路で、そこにはタウンハウスが密度高く建ち並び、家と歩道のあいだに入念にデザインされた小さな屋外テラスが設けられていた。出入り、滞留、手入れ、会話、遊びなど、すべての活動の69パーセントが前庭内、または前庭の垣根や木戸の近くで行われていた。街路のそれ以外の場所で行われていた活動は31パーセントにすぎなかった。大きな割合を占めていたのは、休息する、コーヒーを飲む、日光浴をするなど、街路のアクティビティを見守りながら屋外で時を過ごす活動であった［注16］。

街路アクティビティの必要条件は、多くの人びとが気軽に徒歩で地区内を動きまわることのできる適度な建築密度である。家の前に一定量以上の徒歩活動が存在していなければ、住宅地の公共側のゾーンで時を過ごすことに意味や楽しみを見いだすことは難しい。前庭や屋外テラスが設けられていても、道路を自動車が占領している地区では、家の前でゆっくりしている人がほとんどいなかった。

1977年には、カナダのウォータールーとキッチナーで一連の調査が行われた。これらの調査は典型的な北米都市の住宅地区に焦点を合わせており、対象となった街路沿いには、通りに面してベランダ式玄関と前庭を持つ1戸建て住宅が比較的密度高く並んでいた。ここでも、オーストラリアの住宅地区の街路で見られたパターンとよく似た活動パターンが観察された。さまざまな活動に費やされる時間を見ると、街路アクティビティの89パーセント近くが半私的

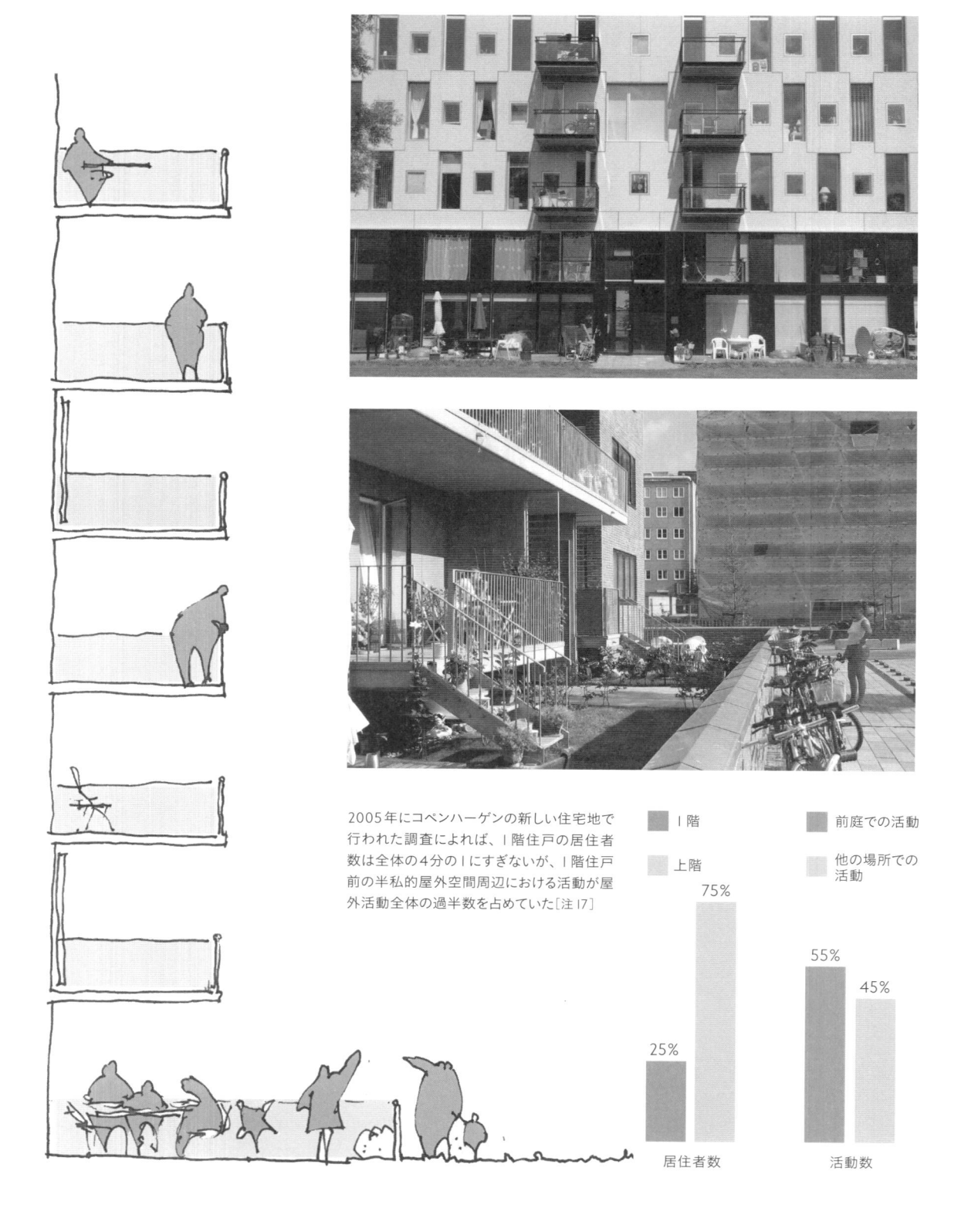

住宅地区における柔らかいエッジ

2005年にコペンハーゲンの新しい住宅地で行われた調査によれば、1階住戸の居住者数は全体の4分の1にすぎないが、1階住戸前の半私的屋外空間周辺における活動が屋外活動全体の過半数を占めていた[注17]

なエッジ付近で行われている活動であった[注18]。既に述べたように、街路に活気があるかどうかを大きく左右するのは、屋外にいる人の数より人びとが一日に屋外で過ごす時間の総和である。半私的な前庭があると、私的領域で行われている活動の一部がエッジ部分に出ていきやすくなる。そこは安全で居心地がよく、まわりとの視覚的つながりを持つことができる。多くの場合、こうしたつながりが街路のアクティビティに大きく貢献する。

コペンハーゲンでも、1982年に住宅地区の街路で一連の調査が行われた。そこでは長屋形式の住宅が並ぶ街路を対象に、前庭のある場合とない場合の違いが明らかにされた。対象地は、住民層が類似していて住宅も似通っている並行した街路である。調査を通じて、柔らかいエッジを持つ街路の活動水準が硬いエッジの街路より2～3倍高かった[注19]。

柔らかいエッジ——新しい住宅地

新しい住宅地区を対象に2005年にコペンハーゲンで実施された活動パターンの調査では、現在の都市状況のもとでバルコニー、前庭などの屋外空間がどのように使われているかが明らかにされた。全般的な傾向としては、屋外活動の場所が公的な空間から私的な空間に移ってきている。しかし、1階に接した半私的な屋外空間は、初期の調査と同様に、この調査でも住宅地のアクティビティ全体を高めるのに大きな役割を果たしている。

調査地区では、前面に半私的な屋外スペースを持った1階の住戸数は、全住戸数の25～33パーセントであった。一方、これら半私的な前庭で行われる活動は、地区内で観察された全活動の55パーセントを占めていた[注20]。住戸に隣接する前庭では、空間、植物、心地よい局所気候がまわりとの交流と緊密に結びついている。興味深いことに、これらの前庭はバルコニーよりはるかによく利用され

住戸前の柔らかいエッジは、屋外活動の展開に決定的な影響を与える（ノルウェーの住宅団地に見られる硬いエッジ、デンマーク・フレデリクスベルのソルビェルハーフにおける柔らかいエッジ）

さまざまな文化における柔らかいエッジ

古い市街地における柔らかいエッジ（東京、オーストラリア・シドニー、カナダ・モントリオール）

地区全体に張りめぐらされた柔らかいエッジ（ルイジアナ州ニューオリンズのフレンチクォーター）

新しい市街地における柔らかいエッジ（コロンビア・ボゴタ、南アフリカ・ケープタウン）

住まいと前庭まわりの街路アクティビティ（インドネシア・ジャカルタ）

ている。後者は、空間、気候、交流のいずれの面でも見劣りがする。

柔らかいエッジ
——さまざまな文化的背景のもとで

過去30年以上にわたり、いくつもの大陸にまたがる大小さまざまな都市で調査が行われた。本節では、そのうち都心部と郊外住宅地の例を紹介してきた。当然のことながら、調査対象の地区と世帯は文化、生活条件、経済水準がまちまちである。また、利用パターンと住宅文化は、生活様式、購買力、人口構成の変化に応じて時代とともに変化する。したがって、住宅地区において柔らかいエッジが果たす機能の包括的な検討には、文化面と社会・経済面への考慮が欠かせない。しかし、ここではその議論には立ち入らない。ここでの主題は、柔らかいエッジの役割を総合的に浮かびあがらせることである。すなわち、中心市街地や住宅地の活動パターン、そこを歩いて移動する人たちにとっての選択肢、屋内活動と屋外活動の交流の可能性——これらにとって柔らかいエッジが果たす重要な役割を明らかにすることである。

家の前の1平方メートルか、街角の向こうの10平方メートルか？

これらの調査は、柔らかいエッジがそれぞれの地区で人びとを誘引する役割を果たし、都市建築の単純だが大切な要素になっていることを明快に示している。都市空間とそのエッジがもっと使いやすく親しみやすくなれば、街がもっと生き生きしたものになるだろう。

第3章 生き生きした、安全で、持続可能で、健康的な街　095

多くの場合、家の前の1平方メートルのほうが街角の向こうの10平方メートルよりも使いやすく、頻繁に利用されている。

柔らかいエッジのある生き生きした街を

　都市空間のアクティビティと魅力にとって、活発で開放的で生き生きしたエッジほど大きな影響力を持つものは他にない。街並みがリズミカルで、間口の狭い建物で構成され、多くの扉を持ち、1階のディテールが注意深くデザインされていれば、街と建物周辺のアクティビティを盛り立てることができる。街のエッジがうまく機能すれば、街のアクティビティが強化される。活動が互いに補いあい、体験が豊かになり、安全に歩くことができ、歩行距離が短く感じられる。

　クリストファー・アレグザンダーは、著書『パタン・ランゲージ』(1977年)のなかで、エッジの重要性を要約して「エッジが破綻したら、空間はけっして生き生きしない」と述べている[注21]。

　簡潔で的を射た指摘である。

エッジさえ機能すれば……ロンドン・キャムデンの商店街と玄関前に階段のある住宅地区(ニューヨーク・ブルックリン)

生き生きした街――プロセス、時間、数、誘引

生き生きした街――生気のない街

感覚とスケールを扱った前章では、大規模な交通対策と内向きの建築に主眼を置き、それを広く薄くばらまく計画原理が人間味のない抑圧的な都市を生みだしたことを指摘した。こうした活気のない退屈な街は、人間を軽視した計画の副産物である。

街の活気は、昔ながらの都市では1950年代前半まであたりまえの事柄だった。実際、街のアクティビティはありふれたものであり、そのように考えられたのも当然だった。しかし現在、世界の多くの場所で、街のアクティビティはもはやあたりまえの事柄ではなく、都市計画家が注意深く扱わねばならない貴重な限られた資源になっている。社会と計画方法の変化が、状況を根底から変えてしまった。

本章の目的は、街のアクティビティを強化する方法を示すことである。状況と利用できる材料に応じて人間的次元を実現するため、さまざまな手法を紹介していきたい。

生き生きした街
――きめ細かい計画の産物

街の活気と静けさは、どちらも望ましく貴重な都市の資質である。生き生きした活動的な街でも、平穏と静寂はきわめて大切な特質である。生き生きした街を育てるべきだという主張は、場所を選ばず際限もなくアクティビティを増殖させることを意図したものではない。問題なのは、生気のない地区が新しい市街地をどんどん侵食していることである。誰もこの結果を積極的に目指したわけではない。生き生きした場所と静かな場所が調和した街を実現するには、注意深い緻密な努力が必要である。

街を育てることが目標なら、人間的次元と人びととの出会いを優先するなら、そして人びとに徒歩と自転車で移動してほしいと望むなら、街のアクティビティを注意深く増進させることが必要不可欠である。単純で硬直的な原理に従って開発密度を高めても、建物に多くの人間を詰め込んでも、問題は解決しない。街のアクティビティはプロセスであり、人を引きつける魅力である。この点を忘れずに、さまざまな面から注意深く取り組むことによって、初めて解答が見えてくる。

プロセス、誘引、街の質、きわめて重要な時間の因子、柔らかいエッジの導入――これらがその鍵を握っている。

恐怖の代価

自動車が街路を征服してからというもの、世界中の都市で恐怖と心配が日常生活の一部になった

自転車のために適切な基盤が整備されていない多くの都市では、自転車利用者がとりわけ弱い立場に置かれている。そうかといって歩道を走るのも賢明な選択肢ではない。日本で見かけた標識がそう語っている

3.2 安全な街

安全な街

安心できる街——街に不可欠な特質

人びとに都市空間を利用してほしいと望むのであれば、安心感はきわめて重要である。多くの場合、アクティビティと人びとの存在そのものが街の魅力を高め、実際の安全と安心感の両面で街を安全にする。

本節では、徒歩と自転車と滞留の促進によって良好な街を実現する観点から、安全な街の問題を扱う。特に都市空間における安全の要件を満たす重要な目標、交通安全と犯罪防止の2つの領域に焦点をしぼって議論を進める。

安全と交通

自動車のために十分な空間を——最有力の都市政策?

自動車が本格的に街に侵入してきて以来、50年以上にわたって自動車交通と事故率は歩調を合わせて増加してきた。そして、それ以上に交通事故の不安が急速に高まり、歩行者と自転車利用者に、また彼らの街を動きまわる楽しみに深刻な影響を与えた。街路に自動車があふれるにつれて、政治家と交通計画家は、自動車交通と駐車場の空間を増やすことにいっそう努力を注ぎはじめた。

その結果、歩行者と自転車利用者の状態がさらに悪化した。交通標識、パーキングメーター、安全柵、街路灯、「通行妨害禁止」の標識など、さまざまな障害物が狭い歩道にあふれるようになった。これは「より重要な自動車交通のために」ということだろう。また、これらの障害物に加えて、信号の長い待ち時間、横断しにくい街路、暗い地下歩道、高架の歩道橋などが頻繁に歩行のリズムをかき乱す。こうした都市構成は、すべて単一の目的に基づいている。それは自動車により多くの空間とよりよい条件を提供することである。そして、歩くことはより困難になり、魅力を失ってしまった。

自転車の状態は、多くの場所でさらに劣悪である。自転車路がまったくないか、高速で走る自動車車線に接して、危険な「自転車レ

歩行者優先街路を

共存街路や完全街路（すべての利用者にとって安全な街路）の概念は、すべての交通集団間の平等を提案しているが、それは非現実的な理想である。各種交通の統合は、歩行者に明確な優先権を認めるのでなければ、満足のいくものにならない（オランダ・ハーレンの共存空間とコペンハーゲンの歩行者優先街路）

ーン」がペンキで表示されているだけのことが多い。自転車利用者のための基盤整備が行われていないところでは、彼らは自分で自分の身を守らなければならない。

　都市は、自動車による侵食が進行していた時期、一貫して街路から自転車交通を排除しようとしてきた。自動車交通が増加するにつれて、歩行者と自転車にとって事故の危険性が高まり、事故に対する不安がそれに輪をかけて急上昇した。

世界各地の主な違い
　　──本質的には同一の問題

　ヨーロッパの多くの国々と北米では早くから自動車の都市侵入が進み、街の質が年を追って悪化した。その反動で数々の対応策が検討され、新しい交通計画の理念が芽生えた。一方、経済発展がもっと緩やかだった国々では、ずっと遅れて自動車の都市侵入が始まった。そして、そこでも歩行者と自転車交通の状態が急激に悪化した。

　しかし、早い時期に自動車の侵入が始まり、数十年を経過した都市では、近年、自動車だけを重視する近視眼的対策が街のアクティ

ビティと自転車交通に手痛い打撃を与えたことが反省され、強力な対抗策がとられている。

21世紀の交通計画
—— 各種交通の均衡を図る

　21世紀に入り、多くの国々、特にヨーロッパでは、交通計画が20〜30年前には考えられなかったほど劇的な変化を遂げた。歩行者と自転車交通を促進することの重要性が徐々に理解されるようになり、また交通事故の特性と原因に対する解明が進むにつれて、多くの計画手法が編みだされてきた。

　1960年代にヨーロッパで最初に歩行者街路が導入されたころは、街路には自動車街路と歩行者街路の2種類のモデルしかなかった。それ以後、多くの種類の街路と交通対策が開発され、現在では自動車専用街路、緑陰街路、時速30キロ制限街路、歩行者優先街路、時速15キロ制限街路、歩行者・路面電車専用街路、歩行者・自転車専用街路、歩行者専用街路など、幅広い選択肢が用意されている。また、この時期に蓄積された経験をもとに交通事故を減らし、徒歩と自転車利用の安全性と快適性を大幅に改善することが可能になった。

　街路の種類と交通対策を決めるときには、人間的次元を出発点にすることが大切である。人びとが徒歩や自転車で快適かつ安全に移動できなければならず、特に子供、若者、高齢者、障害者に配慮した交通対策が必要である。人びとのための良質な環境と歩行者の安全を確保することが必要不可欠である。

混合交通は歩行者優先で

　最近、多くの都市計画家が交通事故統計をもとに、同じ街路に各種の交通を混合させて「共存空間」にすれば事故の危険性を低減できると主張している。

　共存街路の基礎になっているのは、こうすればトラック、自家用車、オートバイ、自転車、すべての年齢層の歩行者が肩を並べ、十分に視線を交わして、平穏に通行することができるという考えである。このような条件下では、歩行者と自転車利用者は絶えず警戒を怠ることがないので、重大な事故はほとんど起こらない。少なくとも、そう考えられている。

　人びとが脅威を感じ、交通に注意を払っていれば、確かに不都合なことは何も起こらないだろう。しかし、街の品格と質の面では高い代償を払うことになる。子供たちは行動の自由を奪われ、高齢者や身体の不自由な人たちは歩くことを断念するかもしれない。人と交通の安全を論じるときは、事故の危険性だけでなく歩行者と自転車利用者の環境を考慮する必要がある。交通計画は、いまだに都市生活の質を軽視しつづけている。

　混合交通はもちろん可能だが、それはいわゆる共存街路の概念とは異なるものである。英国の「ホームゾーン」、オランダの「ボンエルフ（生活の庭）」、スカンジナビアの「シヴガーデ（歩行者優先街路）」

自転車の安全──コペンハーゲン方式

コペンハーゲン方式の自転車レーンには、駐車中の車列によって自転車利用者が保護される利点がある（コペンハーゲンの街路風景）

駐車帯の外側に自転車レーンを設ける方法は、安全面と治安面の問題を解決できない。もっとも、駐車している自動車を保護するのには役立つ

などの長年の経験から、歩行者が他の交通と共存できるのは、すべての動きがはっきり歩行者を優先して組み立てられているときだけである。混合交通を成功させるには、歩行者優先を徹底させるか、適切な交通分離を行うか、そのどちらかが必要である［注22］。

実践的で柔軟かつ周到な交通計画

　業務車両は戸口まで乗りつけられるようにしたうえで、歩行者と自転車の安全を確保する新しい種類の街路や交通政策が各地で試みられている。これらはいずれも意義深い挑戦である。
　計画者は、個々のプロジェクトごとにどのような種類の街路が適しているのか、どの程度の交通分離が妥当なのか、慎重に考慮しなければならない。そこでは常に歩行者の実際の安全と安心感を最重要視すべきである。車両交通がどこにでも入り込める必要はない。公園、図書館、公民館、住宅内は自動車進入禁止が常識になってい

る。自動車の進入制限には明らかに利点がある。自動車を玄関先まで乗りつける必要性にも一理はあるが、多くの場合、住まいのまわりに自動車進入禁止区域を設ける主張のほうが理にかなっている。

ヴェネツィア方式
―― 示唆に富む事例

何世紀ものあいだヴェネツィアでは、玄関先ではなく街の境界で高速交通から緩速交通に切り替える原則が守られてきた。街の質を優先する視点に立つと、ヴェネツィア方式は捨てがたい魅力を持っている。これまで述べてきたように、歩行者と車両交通の共存をはかる多くの選択肢が開発されてきた。これらの選択肢は新しい扉を開くものではあるが、新しい問題を生みだすものでもある。

ヴェネツィアの街を歩いていると、最近の交通対策の多くが、本当の意味での人間の街に比べて妥協案にすぎないように思えてくる。また、ヴェネツィアでは「徐行する自動車より望ましいのは自動車がないこと」という考えが自然に浮かんでくる。

しかし、既に述べたように実践的かつ柔軟であることが大切である。新しい妥協案のなかには役立つものも少なくない。重要なのは、それらをしっかり評価し注意深く選択することである。

ヴェネツィアでは、高速交通から緩速交通への切り替えが玄関先ではなく街の境界で行われる。これは、生き生きした安全で持続可能で健康的な街を実現するうえで興味深く示唆に富む方法である

恐怖の代価

柵、塀、標識、カメラがいたるところに氾濫しているのは、世界中の地域社会を侵食している不安と恐怖の表れである
右上：北京の共同住宅

ゲーテッドコミュニティに改造されたペルー・リマの住宅地区街路

安全と治安

安全な街──開放的な街

　ジェイン・ジェイコブズは、1961年に出版した『アメリカ大都市の死と生』の第1章で街路の安全性の大切さを指摘している。彼女は、街路のアクティビティ、多様な用途を複合させた建物、そして住民の公共空間に対する気配りが犯罪防止効果を持つと説いた[注23]。それ以来、「街路を見守る人」「街路に注がれる目」という彼女の表現は都市計画にとって欠かせない用語になっている。

　都市空間を安全に歩けることは、人びとを引きつける使いやすい街の必須条件である。実際に体験される安全性だけでなく、安心感も街のアクティビティにとってきわめて重要である。

　安全の議論には、一般論とより具体的な側面がある。一般論として挙げられるのは、さまざまな社会・経済階層に属する人びとが日々の仕事に従事するとき、街の公共の場で共存共栄できるような開放的社会を守り育てることの重要性である。この一般的な枠組みのなかで、街の多くの細かい課題を解決するデザインを注意深く考えることによって、さらに安全性を高めることができる。

安全性と社会

　しかし、多くの都市社会の現実は安全で開放的な街の理想像と食い違っている。社会と経済の不平等が高い犯罪率の背景にあり、また財産と私生活を守るための地域ぐるみや半私的な取り組みの動機になっている。

　有刺鉄線と鉄柵が住宅のまわりを固め、警備員が住宅地を巡回し、ガードマンが商店や銀行の戸口に立ち、高級住宅地の塀の外には「武装警備」の威嚇的な標示が掲げられ、各地にゲーテッドコミュニティ（塀で囲まれ検問所のある住宅地）が増えている。これらは、私有財産の侵害と不法侵入から身を守ろうとする取り組みの例である。また、これらの事例は一部の人びとが私的領域に立てこもりつつある社会現象を示している。

　しかし、都市犯罪の防止をはかる単純な個別策はあまり効果がない。なぜなら、治安悪化の不安感は社会状況に深く根ざしていることが多いからである。一方、このような泥沼に落ち込んでいない都市コミュニティも数多く存在する。災害や戦火で大きな打撃を受けた街にもそのような例がある。これらの地区では、人びとが柵と有刺鉄線の背後に立てこもるのを防ぐ堅実な努力が払われている。

　世界の別の地域には、文化的伝統、家族の絆、社会構造などによって、経済的不平等があっても犯罪率の低い街や社会が存在する。

　結局、どのような状況のもとでも、実際の安全と安心感の双方を強化し、公共の都市空間を利用する前提条件を整えることが重要である。

建物内のアクティビティは街路の安全性を高める

街路沿いの建物から流れでる光は、日没後の安心感を高めるのに大きく貢献する
上：ヨルダン・アンマンのパン屋、右上：オーストラリア・シドニーのアップルストア

コペンハーゲンの都心部には7,000人が住んでおり、冬の平日の夜は、灯りのともった約7,000の窓を街路から見ることができる［注24］

　私的領域を守る近視眼的関心を離れ、視野を広げて、公共空間を歩くときの安心感を高める議論に焦点を合わせれば、街のアクティビティを強化する目標と安全への願望を結ぶ解決策がはっきりするだろう。

街のアクティビティは
街の安全性を高める
——安全な街はアクティビティを増進する

　街のアクティビティを強化して、より多くの人びとが公共空間を歩き、そこで時を過ごすようになれば、ほとんどの場合、実際の安全と安心感の双方が向上する。他の人びとがいるということは、その場所が快適で安全だということの証である。そこには「街路上の目」がある。また、まわりの建物のなかの人びとにとって、街路で起こっていることに注意を払うのが意味のある楽しい行為になるの

で、「街路に注がれる目」も存在していることが多い。人びとの毎日の営みが都市空間で行われると、空間とそれを利用する人びとの双方がいっそう意味を持つようになり、それを見守り、待ち受けることの重要性が高まる。生き生きした街は価値のある街になり、安全な街にもなる。

建物内のアクティビティは街路の安全性を高める

　街路のアクティビティは安全性に強い影響を及ぼす。しかし、街路沿いのアクティビティも同様に重要な役割を果たす。いろいろな機能が混在した地区では、一日を通じて建物のなかや周囲に多くのアクティビティが生じる。特に住宅があると、街の重要な公共空間との結びつきが改善され、夕暮れから夜にかけて安全性と安心感の双方が大幅に強化される。街路に人影がなくても、住宅の窓にともる灯りがそばに人がいるという安堵感を与えてくれる。

　コペンハーゲンの都心部には約7,000人が住んでいる。冬の平日の夜、街を歩く人は約7,000の窓からこぼれでる光を楽しむことができる[注25]。身近な住宅と住人は、安心感を高めるうえできわめて重要な役割を果たす。機能を混在させ、住宅を導入するのは、都市計画家がよく使う犯罪防止策である。それは、歩行者と自転車が利用する主要街路の安心感を高めるのに効果がある。コペンハーゲンの都心部では建物の高さが5・6階で、住まいと街路空間の視覚的な結びつきが強いので、このやり方がうまくいっている。しかし、シドニーではうまくいっていない。このオーストラリアの大都市も都心に1万5,000人が住んでいるが、住宅の多くは10〜50階の高層部にあるので、街路から遠く離れた住民は下で起こっていることに目が届かない。

柔らかいエッジは街の安全性を高める

　建物1階のデザインは、都市空間のアクティビティと魅力に並はずれて大きな影響を及ぼす。建物のそばを歩くとき、1階は否応なく私たちの目に飛び込んでくる。また、建物の低層階にいる人には外で起こっていることがよく見える。街路からも低層階の内部がよく見える。1階が親しみやすく、柔らかで、特に人が住んでいれば、歩行者は人びとの活動に包まれている。カフェや前庭が閑散としている夜間でも、テーブルや椅子、草花、立てかけられた自転車、置き忘れられた玩具などが、人びとの生活を身近に感じさせ、安堵感を与えてくれる。夜間に商店、オフィス、住宅の窓から漏れる光が、街路の安心感を高めるのに役立つ。

　柔らかいエッジは、街が人びとを温かく迎え入れる合図である。それとは逆に、営業時間が終わると沿道の商店がシャッターを閉めてしまう街路は、人びとに拒絶感と不安感を与える。日が暮れると街路が暗く閑散としてしまい、週末や休日には足を運ぶ気になれない。安全な街と人を引きつける1階を望むのであれば、グリル式シ

柔らかいエッジは街の安全性を高める

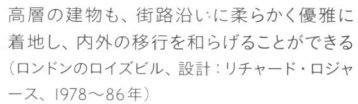

高層の建物も、街路沿いに柔らかく優雅に着地し、内外の移行を和らげることができる（ロンドンのロイズビル、設計：リチャード・ロジャース、1978〜86年）

中国の商店街とデンマーク・フレデリクスベルの住宅団地における柔らかいエッジ。いずれにしても、柔らかい移行は屋外空間の活動を活発にし、安全性を高める

ャッターなどを使い、店のなかを見通せるようにするとよい。そうすれば商品も守られるし、街路にも光が流れでる。夜間の歩行者もウィンドーショッピングを楽しむことができる。

ごく普通の配慮が街の安全性を高める

街路と沿道のアクティビティ、街路沿いの機能の混在、親しみやすく柔らかいエッジ——これらはよい街の大切な特質であり、安全と治安の面でもきわめて重要である。これとは正反対に、活気のない街路、一日のわずかな時間しかアクティビティのない単一機能の建物、街路に対して閉鎖的で活気のない暗いファサードは、危険な都市環境を生みだす元凶である。また、薄暗い照明、人通りのない歩行者路や地下道、暗く人目につかない場所や窪み、大きな草むらなども、安全を脅かす。

このような例を挙げると気が滅入ってくるが、大切なのはごく普通の配慮である。人びとは、ささやかな魅力があれば街を歩き、自転車に乗り、公共空間で時を過ごす。そして、それが安全と安心感を高めるのに大きく貢献する。

明快な構造が街の安全性を高める

街の構成がしっかりしていて、自分がどこにいるのかわかりやすいことも安心感を高めるのに役立つ。迷ったり迂回したりしないで、探している目的地をすぐに見つけられることは、良好な都市のひとつの目安である。しかし、明快な構造と構成をつくるのに、必ずしも大規模な空間や2点間を結ぶ広い直線道路が必要というわけではない。曲がりくねった街路や変化に富んだ街路網も魅力的であり、その条件を十分に満たすことができる。大切なのは、街路網のそれぞれの部分が明快な視覚的特徴を持ち、空間がはっきりした個性を備え、たくさんの街路のなかから重要な街路を容易に見分けられることである。街を歩いているとき、標識、方向案内、夜間の適切な照明が備わっていると、都市構造の相互関係、場所の感覚、安心感が大いに高められる。

領域がはっきりしていると街の安全性が高まる

第2章で述べたように、人と人とのさまざまなコミュニケーションにはそれぞれ異なる距離が用いられており、ふれあいの性格と密度を補強するのに昔からこれらの距離が使われてきた。他人との交流と私的領域の保護は表裏一体である。緊密なふれあいには明快な領域が必要なのと同じように、社会的交流の機会と安心感を高めるには私的領域と公的領域の明快な区分が必要である。

人間社会はさまざまな社会構造によって微妙に織りなされており、それが個人の帰属感と安心感を生み、また強化している。大学の学生は、それぞれ学部、学科、学年、研究グループの一員であり、それが彼らの枠組みをなしている。職場には部、課、班がある。都市には地域、地区、団地、個人の住まいがある。これらの構造は、馴

治安と領域

コペンハーゲンの住宅団地シベリウスパークでは、デンマーク防犯協議会と協力して、団地内を私的、半私的、半公的、公的の4段階の領域に注意深く区分した。その後の調査によれば、この団地は同種の他の開発に比べて犯罪が少なく、治安がよい［注26］

染み深い名称や目印と結びついて、個々のグループ、家族、個人が大きな集団のなかで帰属感と安心感を高めるのに役立っている。

　社会構造が明快な物的区分によって補強されていると、治安と状況判断力が高まる。市境を示す標識によって、私たちは新しい市に足を踏み入れようとしていることに気づく。多くの都市の中華街がそうであるように、標識と門によって地区を目立たせることができる。標識、門、象徴的な入口などによって特定の地区や個々の街路を表示し、門と歓迎標識によって住宅団地の境界を明示することができる。このようにさまざまな段階で構造と帰属感をはっきり詳しく示すことは、集団と個人双方の安心感を強化するのに役立つ。その区域に住んでいる人は、これは私の街であり、地区であり、通りであると感じるだろう。一方、部外者は自分の街とは別の街、地区、通りを訪問していることを認識するだろう。

　オスカー・ニューマンは、犯罪防止の分野における先駆的著書『まもりやすい住空間』で、明快に区分された領域構成と治安のあいだに強い関係があることを明らかにした。彼は説得力のある論拠を示

して、現実の治安と安心感を強化するためには、明快な階層性を持った都市計画が必要であることを力説している［注27］。

私的空間と公的空間のあいだに柔らかい移行を

　小さなスケールでも、特に個々の住まいについては、領域と帰属を明快にすることが、他人とのふれあいにとっても私的領分の保護にとってもきわめて重要である。半私的また半公的な移行ゾーンを設け、私的領分と公的領分のあいだに段階的で柔らかい移行をはかると、ゾーン間のふれあいの可能性が高まる。住民にとっては、ふれあいを調整し、私的生活を守る機会が増える。適切な大きさの移行ゾーンでは、出来事とちょうどよい距離を保つことができる。

　前節では、柔らかいエッジとそれが街のアクティビティに果たす重要な役割を吟味した。そこでエッジのゾーン、たとえば玄関と前庭が公共空間のアクティビティを活発にするのに決定的影響を及ぼすことを強調した。私的なものと公的なものをはっきり区別するには、これら私的領分と公的領分のあいだの移行ゾーンを注意深く分節する必要がある。舗装、植栽、調度、生垣、門、庇などの変化によって、どこで公的空間が終わり、私的または半私的な移行ゾーンが始まるのか示すことができる。高さの変化、段差や階段も移行ゾーンを示し、内と外、私と公をつなぐ柔らかいエッジの重要な機能を果たすことができる。人びとが他人とふれあい、街のアクティビティに貢献するためには、私的領分が適切に保護されていなければならない。そのためには領域を明示することが必要である。

柔らかいエッジがあり、公的、半私的、私的の各領域が明快に区分されていると、自分の生活領域を表示し、そこを自分の好きな花で飾る絶好の機会が生まれる（オランダのアルミール）

第3章　生き生きした、安全で、持続可能で、健康的な街

歩行者と自転車の街：持続可能性のための政策

棒グラフを見ると、世界各地で都市のエネルギー消費が大きく異なることがわかる。それは別の見方をすれば、公共交通と自転車に重点投資することによって、ヨーロッパやアジアのようにエネルギー消費を抑制し得ることを示している
写真：オーストラリアのブリズベーンは、川沿いの高速道路をいまだに撤去していない都市のひとつである

住民1人あたりのガソリン消費量
（単位：ギガジュール）［注28］

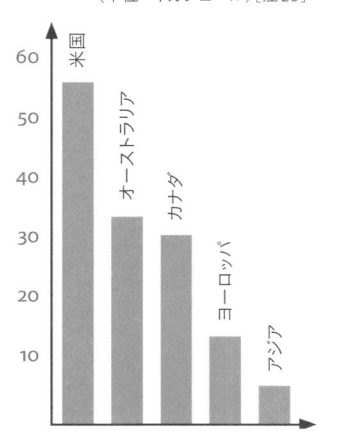

米国
オーストラリア
カナダ
ヨーロッパ
アジア

コペンハーゲンでは、自転車利用によって二酸化炭素排出量が毎年9万トン抑制されている。巨大な風船は二酸化炭素1トンの容積を示している

歩行者と自転車交通は都市空間の占有を大幅に抑制する。自転車路は、同じ幅の自動車車線に比べて5倍の交通を処理することができる。歩道は、自動車車線の20倍の通行者を収容することができる。自動車1台分の駐車スペースに10台以上の自転車を駐輪することができる

112

3.3 持続可能な街

気候、資源、緑の都市計画

持続可能な都市計画に対する関心が高まっている。化石燃料の枯渇、汚染の拡大、炭素放出とそれがもたらす気候への脅威が、世界中の都市で持続可能性を高める取り組みの強力な動機になっている。

都市に適用される持続可能性の概念は幅広いものである。建築物のエネルギー消費と放出はその一端にすぎない。他の重要な部門として工業生産、エネルギー供給、水・廃棄物・交通処理などがある。特に交通は大量のエネルギーを消費し、重大な汚染と炭素放出を引き起こしており、環境会計簿の重要項目である。合衆国では炭素放出量の少なくとも28パーセントが交通に由来している[注29]。

徒歩と自転車交通の優先度を高めれば、交通部門が環境に与える負荷が軽減され、持続可能政策全体に大きな影響を及ぼすだろう。

歩行者と自転車の街
——持続可能性の向上に向けた重要な一歩

徒歩と自転車交通は他の交通形態に比べて資源消費が少なく、環境への影響も小さい。この交通形態は利用者自身がエネルギーを供給し、安価で、ほぼ無音で、公害を引き起こさない。

同じ距離を移動するとき、自転車のエネルギー消費を1とすると歩行者は3、自動車は60である。つまり同じエネルギーを使って、自転車は歩行者の3倍の距離を移動することができる。自動車は自転車の60倍、歩行者の20倍のエネルギーを消費する。

徒歩と自転車交通は場所をとらない

徒歩と自転車交通は都市空間を占有しない。歩行者の空間需要はきわめて小さい。幅3.5メートルの両側歩道、または幅7メートルの歩行者街路があれば、1時間に2万人をさばくことができる。幅2メートルの自転車路が2本あれば、1時間に1万人以上が利用できる。片側2車線の対面通行道路では、1時間（ピーク時）に1,000〜2,000台の自動車しか処理できない。

このように標準的な自転車路は、自動車車線に比べて5倍の人間を運ぶことができる。また駐車の場合、自動車1台の駐車枠に10台の自転車をゆったり停めることができる。徒歩と自転車交通は空間を節約し、微粒子汚染と炭素放出を低減することで環境負荷の軽減に貢献する。

徒歩と自転車交通をもっと重視すれば、自動車から人間中心の交

良好な公共交通機関とすぐれた都市空間――一枚の硬貨の裏表

快適に歩き、待ち、乗車できることは、良質な公共交通機関の重要な条件である。歩行経路の質と駅や停留所の快適性を軽視してはならない（コスタリカ・サンホセのバス停留所、南アフリカ・ケープタウンの鉄道通勤者）
下：ドイツ・フライブルクの路面電車は、マイカーと比べた長所を表示している。「路面電車は1両で326人を運ぶ環境にやさしい乗り物」

通への切り替えを促進することができる。もっと多くの人が歩き、自転車に乗り、徒歩と自転車で移動する距離が増えれば、街と環境全体の質が大幅に向上する。特に自転車交通を強化すると効果が大きい。

自転車交通の発展が世界各地で大きな展望を開く

地形、気候、都市構造の面で、世界各地の多くの都市にとって手軽で安価な対策は自転車交通の導入・強化である。さらに自転車交通は、街にとって多くの直接的利点を持っているだけでなく、交通負担を軽減する効果も持っている。

たとえばコペンハーゲンでは、通勤者の自転車利用率が2008年に37パーセントにのぼり、自動車交通の抑制に大きく貢献した[注30]。

コロンビアのボゴタでは、総合交通政策に基づいて徒歩交通と自転車交通が大幅に強化され、比較的少ない投資で環境への影響を抑制し、大多数の住民の交通利便性を高めることに成功した。これは、多くの発展途上国にとって大きな福音である。

すぐれた都市空間
——良好な公共交通体系に必要不可欠な前提条件

良好な都市景観と良好な公共交通体系は表裏一体のものである。停留所や駅への行き帰りの体験が豊かであるかどうかは、公共交通体系の効率と質に密接な関係を持っている。

自宅から目的地までの行き帰りの行程を総合的に考える必要がある。良好な徒歩ルートと自転車ルート、心地よく便利な駅の環境などは、昼夜を問わず快適性と安心感を保証する重要な要素である。

公共交通指向型開発

世界中で多くの人びとが公共交通指向型開発（TOD）の計画に取り組み、歩行者・自転車重視の都市構造と公共交通網の連携をはかろうとしている。

典型的なTOD都市は、新型路面電車（LRT）の駅を中心に比較的高密度に開発された街である。徒歩でも自転車利用でも駅まで適度な距離圏内に十分な数の住宅と職場を配置するには、この都市構造が不可欠な前提条件になる。短い歩行距離と良質な都市空間を備えたコンパクトなTOD都市は、それ以外にも多くの環境上の利点を持っている。たとえば電気・水道などの供給ラインを短くし、土地消費を抑えることができる。

自動車が侵入してくるまで、古い街はすぐれたTOD都市だった。ヴェネツィアはその古典的事例である。公共交通の主役は水上バスであり、短い間隔で乗り場が設けられ、網の目のように張りめぐらされた路線を頻繁に往復している。どの場所も最寄りの水上バス乗り場から200〜300メートルの圏内にあり、そこまで美しい通りと広場を抜けて歩いていくのもヴェネツィアの楽しみのひとつである。

社会的持続可能性

都市空間と社会的持続可能性

社会的持続可能性は重要で意義深い理念である。それが重視していることのひとつは、社会のさまざまな集団が平等に公共の都市空間を利用し、街を自由に動きまわる機会を持てるようにすることである。人びとが公共交通機関と組み合わせて徒歩と自転車を活用できると、平等性が大きく強化される。自家用車を持たない人たちも、街が提供してくれるものを享受することができ、日常生活の幅を拡げることができる。

社会的持続可能性は、民主主義の観点からも重要な側面を持っている。そこでは公共空間で「他者」と出会う平等な機会が重視されている。その前提条件になるのは、容易に利用することのできる魅力的な公共空間である。そのような空間は、計画的な集会にとっても非公式の集まりにとっても楽しい舞台になる。

社会的持続可能性の必要性

当然のことだが、世界中の豊かな都市と貧しい都市では、必要とするものも利用できる機会も異なっている。ここで強調しておきたいのは、先進諸国で社会的持続可能性を重視する必要性が高まっているということである。それは、誰にとっても暮らしやすい魅力的な街をつくるための必要条件である。

経済的に恵まれない都市社会では貧富の差がきわめて大きく、貧困の蔓延によって取り残された社会集団が機会を奪われているので、問題がはるかに切迫している。これらの社会が直面している問題に取り組むには、2000年前後にコロンビアのボゴタで示されたような新しい財源配分、斬新な都市政策、強力な指導力が必要である。

生き生きした街と社会的持続可能性

生き生きした街の基礎をなす原理は、社会的持続可能性を計画するうえでも有効である。生き生きした街は、ゲーテッドコミュニティに引きこもる社会の流れに対抗し、すべての社会集団が利用できる魅力的な街を目指している。そのような街は民主的な役割を果たし、人びとが社会的多様性に出会い、同じ都市空間を共有することによって相互の理解を深める舞台になる。持続可能性の概念には次世代への配慮も含まれている。彼らもまた、ますます都市化が進む世界にあって、十分な配慮が必要な社会集団である。都市には包容力が必要であり、すべての人びとのために場所が用意されていなければならない。

街が社会的持続可能性を獲得するためには、物的構造を整えるだけでは不十分である。街を正常に機能させるには、物的環境と社会的制度に加えて、もっと目につきにくい文化的側面にも力を注ぐ必要がある。それは、個々の地区や都市社会全体に対する私たちの理解に大きな影響を及ぼす。

ハンドルとパソコンの前の椅子生活

ハンドルとパソコンの前に座ったままの生活は深刻な健康問題に直結する。近年、日常活動のなかから自然な運動が失われてしまった国々で肥満症が増加している

成人人口に占める肥満症の比率（15歳以上）[注31]

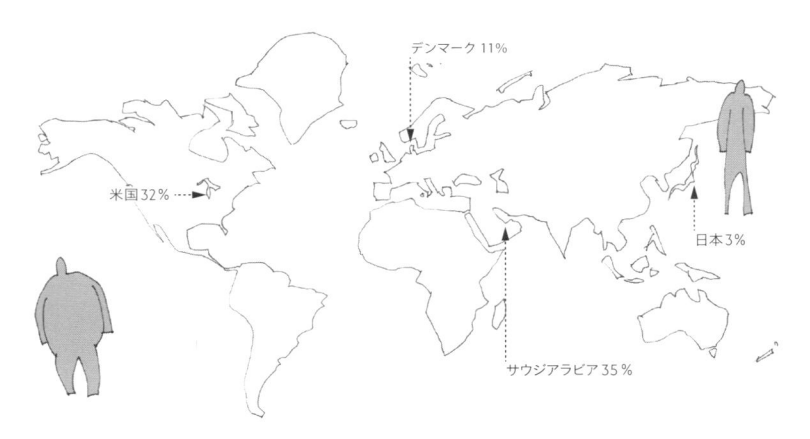

デンマーク 11%
米国 32%
日本 3%
サウジアラビア 35%

徒歩と自転車利用が日課でなくなったところでは、健康のために昼休みのランニングが欠かせない。もうひとつの選択肢は、7層の駐車場の上に2層のフィットネスセンターを載せた運動施設である（ジョージア州アトランタ）

3.4 健康的な街

よい都市空間
――健康政策への貴重な貢献

　健康と都市計画の相互作用はきわめて間口の広い問題である。本節では、都市計画の人間的次元とかかわりの深い健康と健康政策に焦点をしぼりたい。

ハンドルとパソコンの前の椅子生活

　経済的先進諸国では、社会におけるさまざまな変化が健康政策に新しい課題をもたらしている。かつての肉体労働の大半が座業に取って代わられた。自動車が交通手段の主流を占めるようになった。階段の上り下りのような単純な活動でさえ、エスカレーターやエレベーターが代行してくれるようになった。そして、家にいる時間の大半を安楽椅子にじっと座って、テレビを見て過ごすようになった。多くの人びとが、日常生活のなかで身体とエネルギーを使う自然の機会から遠ざかっている。貧しい食習慣、過食、脂肪分の多い食品摂取が、問題に拍車をかけている。
　多くの国々がこの問題の蔓延を深刻に受け止めている。米国における肥満症増加の歴史は、問題の切迫性を理解する手がかりになる。
　問題は年を追って州から州へと拡大し、その間、各州の状況は悪化の一途をたどった。米国で太りすぎに属する人の数は1960年代からほぼ横ばいだが、肥満症に分類される人が急激に増加した。世界保健機関をはじめとする各種機関が採用している基準によれば、肥満症とは肥満度を示すボディマス指標が30以上の人を指す。1970年代にはアメリカ人の10人に1人が肥満症であった。2000〜2007年には、その割合が3人に1人に増加していた[注32]。
　特に子供の状況が深刻である。6〜11歳の子供の太りすぎは、1980年から2006年の過去30年間に倍増した。12〜19歳の若者では、その数が3倍になっている[注33]。
　このような生活様式と結びついた健康問題は、過去10年のあいだに類似の経済と社会を持つ他の国々でも急速に拡大してきた。肥満症の問題は、カナダ、オーストラリア、ニュージーランドで大きな社会問題になっており、中米、ヨーロッパ、中東など、他の地域でも急速に拡大している。英国では成人人口の約4分の1、メキシコとサウジアラビアでは人口の約3分の1が肥満症である[注34]。
　身体を動かすことは、かつて日常の活動パターンの一部であった。

いろいろな運動

運動と自己表現の機会を提供するのは、新しい社会問題に対する筋の通った有意義な対応である(コペンハーゲンのスケートリンク、ニューヨークのスケートボード、マイカー通学の埋め合わせをするマイアミ大学の学生、中国の街頭風景)

それが失われたことによって生活の質が低下し、保健医療費が激増し、健康寿命が短くなるなど、私たちは高い代償を支払っている。

大義名分、選択対象、事業機会としての運動

　こうした新しい課題を解決するには、各人が肉体鍛錬や毎日の運動を心がけなければならないが、それはもはや日常生活に本来不可欠なものではない。2008年のデンマークで最も人気のあるスポーツは「ランニング」であり、早朝、昼休み、夕方にジョギングをする人びとが遊歩道や公園に集まり、街のアクティビティを高めるのに大いに貢献している。また、団体スポーツに参加したりフィットネスセンターに通ったりして、運動不足を解消し、生活の質を高めようとしている人たちもいる。健康器具を購入して、自宅で自転車をこぎ、踏み台昇降をし、ランニングをしている人たちも多い。運動は広く普及した重要な日常活動であると同時に、大きな事業になっている。

　こうした展開自体は、個人にとっても社会にとっても筋の通った妥当なものである。しかし、個人や民間による解決には限界もある。

　自発的な運動には時間と決断力と意志の強さが必要である。団体スポーツや器具はお金がかかる。一部の社会層や年齢層はこの問題を解決することができるが、多くの人は十分な時間とお金とエネルギーを持っていない。それに一生のうちには、必要なだけの運動をすることのできない時期がしばしば存在する。「フィットネスマニア」は健康で活発なことが多いが、子供や高齢者のあいだでは運動不足が深刻な問題になっている。また意外なことに、若者のあいだでも運動不足が珍しくない。

日常生活の自然な一部としての運動

　これら新旧の難問は山積しているが、健康政策全体にかかわる重要な側面は身近なところにある。人びとの日常活動とできるだけ結びつけて、彼らが歩き、自転車を利用するように、幅広く入念な促進策を講じることができないものだろうか。こうした促進策には、当然のことながら質の高い歩行者路や自転車路のような物的基盤の整備と、自分の肉体エネルギーを使った移動がもたらす利点と好機を人びとに周知する広報活動を組み合わせる必要がある。

　近年、コペンハーゲン、メルボルンなど、いくつかの都市では既成市街地と新市街地の双方で徒歩と自転車利用を可能なかぎり促進するため、必要条件を詳細に規定した総合政策を導入している。ニューヨーク、シドニー、メキシコシティなどでは、基盤整備と新しい都市文化の育成に取り組み、日常的な都市活動のなかで徒歩と自転車交通に重要な役割を与えようとしている。

　これらの都市は重点的に改善に取り組み、歩道を拡幅し、舗装をやり直し、木陰をつくり、歩道上の障害物を除去し、交差点を改良して、歩行者ネットワークの質的向上をはかっている。目標は、昼

日常生活の自然な一部としての運動

徒歩と自転車利用が日課の自然な一部になると、生活の質と個人の健康に好ましい波及効果が生まれ、社会にとっても大きな利益になる

夜を問わず明快でわかりやすく、安全に歩くことのできる街をつくることである。また、それは美しい空間、質の高いファニチュア類、気配りの行き届いた細部、十分な照明を備えた楽しい街でなければならない。

　自転車利用者のためには、2000年以降、世界中で合計数千キロに及ぶ質の高い自転車道や自転車路が整備され、街のなかを迷わず軽快かつ安全に移動することができるようになった。

　新市街地で徒歩と自転車の日常的利用を促進する政策を採用するのは当然で、容易に実現できると思われるかもしれない。しかし、促進には革新的な思考と新しい計画プロセスが必要である。都市計画家は、どこの国でも何十年ものあいだ、もっぱら自動車を優先する計画に慣れ親しんできた。

　徒歩と自転車利用を本当に促進するには、計画の土壌そのものを

変える必要がある。新しい都市の計画は、まず徒歩と自転車利用のために最短で魅力的なルートを設計し、それを踏まえて他の交通機関の要求に対応すべきである。この優先順位に従えば、新市街地はもっとコンパクトになり、空間需要が抑えられるだろう。言葉を換えれば、そのような街に住み、働き、動きまわるのは、現在の紋切り型の基準に従って建設された市街地に比べて、はるかに魅力的になるだろう。建物より空間を、そして空間より生活を優先すべきである。

「一日リンゴ1個で医者いらず」は、昔からよく使われてきた健康標語である。最近は、健康な生活を送るには一日1万歩といわれている。旧市街地でも新市街地でも、毎日の交通需要に合わせて歩行者交通や徒歩と自転車を組み合わせた交通を促進する計画が行われれば、多くの健康問題が軽減され、生活の質と都市の質が同時に改善されるだろう［注35］。

古い街では、かつてほとんどの交通が徒歩によるものだった。歩行は動きまわる手段であり、日常的に社会や人びとを体験する手段であった。都市空間は出会いの場所であり、市場であり、街のさまざまな機能を結ぶ空間であった。そして、すべての共通分母が徒歩による移動だった。

ヴェネツィアでは、特別な日でなくても一日に1〜2万歩を歩くのが普通である。それも道筋に興味深い出来事が満ちあふれ、美しい都市空間が待ち受けているので、それほど長い距離には感じられない。いつの間にか、それだけの歩数を歩いている。

街の活気、安全、持続可能性、健康——包括的な都市政策

本章では、生き生きした、安全で、持続可能で、健康的な街について論じてきた。それを振り返ると、これらの問題は相互に強く結びついており、歩行者と自転車と街のアクティビティに対する配慮が4つの領域のすべてにとって有益なことが明らかになった。

街なかで徒歩と自転車利用を促進することは、総合的な健康政策の重要な要素になる。それは、生活の質を高め、健康管理のための予算を抑制するうえで大きな効果がある

第3章 生き生きした、安全で、持続可能で、健康的な街

都市政策をひとつ変えるだけで、都市の質を高め、重要な社会目標を達成することができる。都市における徒歩と自転車利用の促進は、多くの利点があるだけでなく、迅速かつ安価に実現することができる。それは目につきやすく、大きな宣伝効果を持つだけでなく、街のすべての利用者にとって役立つ政策である。

　もちろん、言葉には行動が伴わなければならず、十分な物的基盤を整える必要がある。そして何よりも大切なのは、人びとが毎日の活動の一部として街を歩き、自転車を利用するように、本腰を入れて誘引策を進めることである。鍵を握るのは誘引の成否であり、それと関連して小さな規模、つまり目の高さでの街の質がきわめて重要になる。

目の高さの街

第4章

4.1 質をめぐる闘いは小さなスケールで

目の高さの街——都市計画にとって最も重要なスケール

多くの都市、特に発展途上国の都市では、大量の歩行者交通が必要に迫られて生みだされている。それ以外の都市では、人びとを歩行に誘う条件の良し悪しが歩行者の量を左右している。

徒歩交通が必要による場合でも誘引による場合でも、街の質が重要であることに変わりはない。都市内のどこに行っても、目の高さの街が高水準の質を備えているべきである。それは基本的人権といってよい。

人びとが街で身近に体験するのは、小規模な時速5キロの都市景観である。私たちが徒歩で外出して質の高さを楽しみ、あるいは劣悪な質に悩まされるのは、この規模の街である。

計画理論や経済条件のいかんにかかわらず、すべての街や都市で人間の次元を注意深く扱う必要がある。

歩き、立ち止まり、座り、聞き、話す——よい場所の出発点

人間の尺度に配慮した都市計画の原則はおおよそ次のようなものである。出発点はごく単純で、どこにでも見られる人びとの活動である。街は、人びとが歩き、立ち止まり、座り、眺め、聞き、話すのに適した条件を備えていなければならない。

これらの基本的活動は、人間の感覚器官や運動器官と緊密に結びついている。それを恵まれた条件のもとで行うことができれば、多様な活動を巻き込んで、それらがさまざまに結びつき、豊かな人間模様が展開されるだろう。数ある都市計画手法のうちでも、この小さな規模への配慮はとりわけ重要なものである。

自宅の居間が毎日の生活に向いていなかったら、街や住宅地がどれほど入念に計画されていても快適に暮らすことはできない。一方、住まいと目の高さの都市空間が質の高いものであれば、他の領域の計画に多少の欠点があっても、日常生活の質を保つことができる。

人びとが建物内や街で快適に歩き、座り、聞き、話すことができるためには、彼らの感覚に注意深い配慮を払う必要がある。質をめぐる闘いを左右するのは小さなスケールである。

4.2 歩くのに適した街

人生は歩くことから始まる

子供が1歳前後になり、立ち上がって最初の一歩を踏みだした日の感動は、いつまでも記憶に残る。子供の視点は、這い歩きのそれ（約30センチ）から床上約80センチの高さへと移動する。

歩きはじめた子供はより多くのものを見て、より速く移動することができる。これ以後は子供の世界のすべてが、たとえば視界、眺望、概観、歩調、適応性、機会などが、より高く速いレベルで進行するようになる。そして、人生の重要な瞬間をすべて二本の足で立ち、歩いて体験することになる。

歩行は、基本的に歩行者がA地点からB地点に移動するための直線的な動きだが、それだけで終わるものではない。歩行者は簡単に方向を変え、進路を逸れ、足を速めたり緩めたりすることができ、

アクティビティは徒歩から生まれる（イタリア・ルッカ、ヨルダン・アンマン、モロッコ・マラケシュ）

目的を持った歩行──出発点

歩行には歩行以上のものがある

立ち止まる、座る、走る、踊る、よじ登る、寝そべるなど、他の行動にすぐに切り替えることができる。

目的を持った歩行──出発点

街で見られる歩行には多くの種類がある。たとえば、A地点からB地点に移動する目的地指向型の急ぎの歩行、街のアクティビティや夕焼けを楽しむのんびりした散策、子供たちの道草、新鮮な空気や運動を目的とした成人の散歩、使い走りなどがそれである。しかし、目的がどうであれ、都市空間で行われる歩行は一種の「広場行動」であり、そこでは歩行者活動の必然的な一部として道筋で社会活動が発生する。歩行者は首をめぐらし、いろいろなものを見るために振り返ったり立ち止まったりし、出会った人と挨拶をしたり話したりする。歩行は交通の一形態だが、それだけでなく潜在的な出発点であり、他の多くの活動の機会をつくりだす。

歩行の速さ

道筋の質の良し悪し、路面の状態、混雑の度合い、歩行者の年齢や体力など、多くの要因が歩行速度を左右する。空間のデザインも影響を与える。歩行者は、直線的な動きを誘発する街路では一般に速く歩くが、広場を横切るときは歩調を落とす。それは、水の流れが川筋では速く、湖に入ると緩やかになるのに似ている。天候も影響を与える。雨、風、寒さなどは人びとの歩調を速める。

コペンハーゲンを代表する歩行者街路ストロイエの場合、寒い冬の日の歩行者交通は、天候のよい夏の日に比べて35パーセント速くなる。夏には、街を散策し、歩くこと自体を楽しむ歩行者が数多く見られる。しかし、冬の歩行者交通の大半は目的が限定されている。寒い日の散歩は身体を暖めるために行われる。夏の平均的な歩行者の時速が4.2キロ、すなわち1キロを14.2分で歩くのに対して、冬の歩行者は時速5.8キロ、1キロを10.3分で歩く［注1］。

時速5.4キロの場合、450メートル歩くのに約5分、900メートル歩くのに約10分かかる。ただし、これが成り立つのはあまり混みあっていない場所で、障害物や休憩なしに歩いた場合である。

歩行の距離

許容歩行距離という概念は一定したものではない。何キロもの距離を楽しく歩く人たちがいる一方で、短い距離でも、高齢者や身体障害者、子供にとっては歩くのが大変である。多くの人が抵抗なく歩くことができる距離は500メートルだといわれることが多い。しかし、許容距離は経路の質にも大きく左右される。舗装の質が高く、道筋が楽しければ、かなり長い歩行距離でも許容できる。反対に道筋に興味を引くものがなく、退屈に感じられれば、歩行意欲が大幅に低下する。そのような場合には、歩いて5分もかからないのに、たった200〜300メートルの距離でも長く感じる[注2]。

そうは言っても、いろいろな都市の中心市街地の大きさを見ると、500メートルという距離が許容できる歩行距離に近いことは確かである。大半の中心市街地の面積が約1平方キロであり、1キロ四方の範囲に収まっている。これらの街では1キロも歩けばほとんどの用を足すことができる。ロンドンやニューヨークのような大都市も、いくつもの中心や地区の集まりであり、それぞれを見ると同じような傾向が認められる。これらの都市にも、中心市街地の魔法の1キロがあてはまる。許容歩行距離は都市の大小には左右されない。

歩行のためのスペース

快適な楽しい歩行にとって重要な前提条件は、ある程度自由に邪魔されずに歩けるスペースが存在していることである。つまり、人

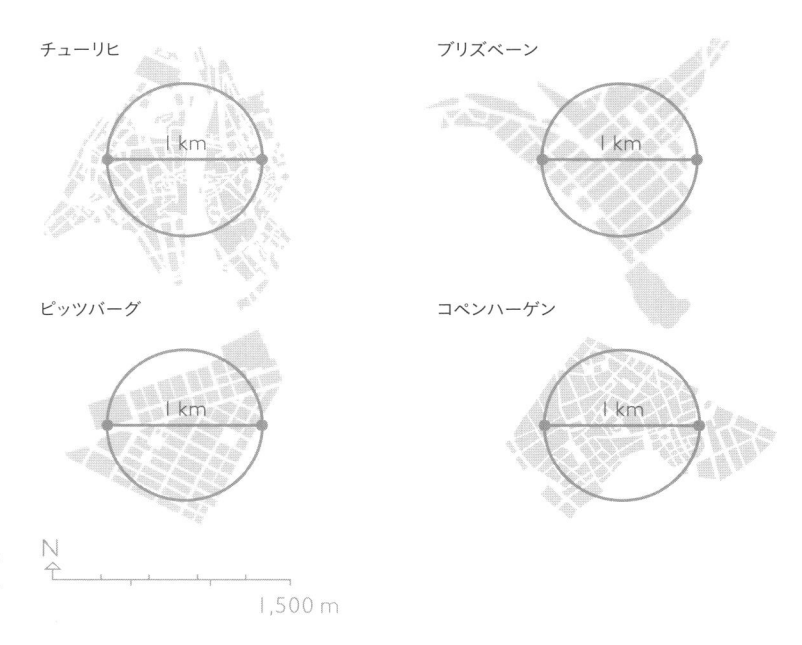

チューリヒ　　ブリズベーン

ピッツバーグ　　コペンハーゲン

中心市街地の多くは面積が1平方キロ前後であり、歩いて1キロ以内の場所に街のすべての重要機能が集まっている

第4章 目の高さの街　129

歩行のためのスペース

ポーランドで見かけた道路標識は、親切なことに腕を身体の両脇につけて歩くよう忠告している

自動車交通と駐車を優先した結果、歩行者は世界中で理不尽な扱いを受けている。すべての歩行者にとって、支障なく歩くことができる空間的ゆとりが大切だが、特に子供、高齢者、身体障害者にとっては切実な問題である

混みをかき分けたり、人に押しのけられたり突き飛ばされたりしないで歩くことのできる空間的ゆとりが必要である。子供、高齢者、身体障害者の場合、支障なく歩けるための条件はより厳しいものになる。ベビーカー、ショッピングカート、歩行器などを押している人も、より大きなスペースを必要とする。一方、若者たちは人混みを苦にしないで動きまわる。

　100年前の写真を見ると、多くの場合、人びとがあらゆる方向に自由に何の障害もなく動きまわっている。当時の街はまだ歩行者の領分で、車両は馬車と路面電車が主であり、自動車が入り込んでくることはほとんどなかった。

　自動車が街に侵入してくると、歩行者はまず建物の壁際に押しやられ、次に歩道に追いあげられ、その歩道もどんどん狭められていった。すし詰めの歩道は歩きにくく危険で、世界中で問題になった。

　ロンドン、ニューヨーク、シドニーで行われた街路調査によれば、

狭い歩道に大量の歩行者が押し込まれていた地区の大半で、歩道にひしめく歩行者数より運転者数のほうがはるかに少なく、自動車交通優先の都市整備は実態に即していないことが明らかになった[注3]。

歩道上の歩行者交通は、押しあいへしあいしつつ縦列になって動き、誰もが歩行者の流れに従って移動しなければならない。高齢者、身体障害者、子供はとてもついていくことができない。

歩行者交通にとって、許容できる空間的ゆとりはどの程度なのか。その限界は状況によって異なる。ウィリアム・H・ホワイトは、ニューヨークでの調査に基づいて、歩道幅1メートルにつき1分間に23人以下という数値を提案している。コペンハーゲンでの調査は、歩道上の混雑を避けるには、歩行者数を歩道幅1メートルにつき1分間に13人以下に抑えるべきであると提案している[注4]。

歩行者のための回転競技

快適に歩くためには、距離や速度が受容範囲に収まっているだけでなく、中断や障害に頻繁に出遭うことなく歩けるスペースが必要である。歩行者専用の場所はこれらの特質を備えていることが多いが、街なかの歩道がこうした条件を満たしていることはほとんどない。それどころか、歩行者の領域には長年にわたって大量の障害と妨害が押しつけられてきた。交通信号、街灯、パーキングメーター、その他ありとあらゆる機器類が、「進路妨害」を避ける目的で歩道上に体系的に配置されている。さらに歩道上または歩道に乗りあげて駐車した自動車、無遠慮に停められた自転車、乱雑な路上看板などが加わり、歩道がひどく狭められていて、歩行者はスキーの回転競技でもするように蛇行して進まなければならない。

いらだたしい回り道と無意味な障害物

街を歩くと、これら以外にも小さないらだちと厄介の種があふれている。混みあった歩道から歩行者がはみ出さないように設けられている柵もそのひとつである。交差点の角には障害物が置かれ、歩

障害物競走のような歩道（オーストラリア・シドニー、英国ミドルズブラ）

第4章 目の高さの街　131

歩行者の尊重

歩道を切って車寄せ、車庫、脇道などの進入路を設けることを、多くの都市が一貫して認めている。しかし、脇道に出入りする自動車を減速させれば、歩行者と自転車が円滑に通行することができる（ロンドンのリージェント街、コペンハーゲンの標準的な交通処理）

行者が車道に出ないようにしているが、それも迂回といらだちの原因になっている。

　歩道は段差だらけである。その多くは車庫、車回し、配送口、ガソリンスタンドなどの出入りを円滑にするためのものであり、自動車優先の都市では街路風景のありふれた一部になっている。ロンドンのリージェント街では、毎日4万5,000〜5万人が利用する歩道に13か所の不必要な段差があり[注5]、南オーストラリアのアデレードでは、都心の歩道に330以上の不必要な段差がある[注6]。

　歩行者、車椅子、ベビーカーは、車庫や出入口前の不必要な段差のため、縁石の上がり下りを余儀なくされているが、それ以外に脇道が幹線道路に合流する所にも歩道の切れ目が数多く存在している。いずれの場合も、歩行者交通を排除するのではなく促進しようとするのであれば、自動車進入路や脇道より歩道を優先して段差を解消すべきである。

人混みのなかの歩行と
永遠の待ち時間

　スペースの不足と大小の障害に加えて、交差点では信号がひどく長い待ち時間を押しつけてくる。多くの場合、歩行者には低い優先順位しか与えられておらず、赤信号で長々と待たされたあげく青信号の時間はひどく短い。青信号になっても、すぐに点滅が始まり、交通の妨げにならないように駆け足で渡ることを強要される。

　多くの場所、特に英国とその交通計画の影響を受けた地域では、街路の横断は歩行者の基本的権利と考えられていない。それは、交差点に設けられたボタンを押すことによって初めて手に入れることができるものである。時には、複雑な交差点の迷路を抜けるために3回もボタンを押さなければならないことがある。そのような都市では、450メートルを5分間で歩くことなど思いもよらない。

　シドニーの都心部にはたくさんの歩行者がいるが、それに劣らず多

くの交差点、信号、押しボタンがあり、待ち時間も長い。歩行者は、歩行時間の半分を「進め」の信号を待つために費やすはめになる[注7]。

　歩行の15パーセント、25パーセント、ひどいときには50パーセントを待ち時間にとられるのは、世界中のどの都市でも交通の激しい街路ではありふれた現象になっている。

　それとは対照的に、コペンハーゲンの幹線歩行者街路ストロイエの場合、1キロの道程で待ち時間は全歩行時間の0〜3パーセントにすぎない。ストロイエを歩けば12分で街を横断することができるが、多くの人はもっと長い時間をかけている。それは歩くことが楽しいからである[注8]。

　脇道と信号が多く、歩行者が頻繁に足止めされる街路では、他にも興味深い歩行現象が見られる。そこでは歩行者交通があまり多くないときでも、歩行者が団子状の集団になって移動し、そこだけいつも混雑している。信号が赤になるたびに歩行者の流れが止まり、少し遅れていた歩行者が先頭集団に追いつき、再び団子状の集団が

道路の横断は、歩行者が許可を求めるべきものではなく、基本的な人権のひとつである（オーストラリアの押しボタン式信号、中国の親切な表示）

第4章　目の高さの街　133

最短距離を歩きたい

建築家も他の人たちと同じように回り道が嫌いである(デンマーク王立芸術大学建築学部)

人間は最短経路を見つける能力を持っている。雪の日の広場や大学構内の芝生がそれを物語っている(コペンハーゲンの市庁舎広場、マサチューセッツ州ケンブリッジのハーヴァード大学)

形成される。信号が青になると集団が前に進みはじめ、集団が次第に崩れてくるが、次の信号に着くともう一度全員が集合する。集団と集団のあいだでは、歩道にほとんど人がいなくなる。

最短距離を歩きたい

どこの国でも都会の人間は、歩くときはひどく省エネ志向になる。彼らは、自分にとって最も都合のよい場所で道路を横断し、回り道や障害物、階段、段差を避け、どこを歩くにも直線を好む。

歩行者は、目標が見えるときは最短距離に沿って進路を修正する。世界中どこに行っても、雪が降ったあとの広場には斜めの足跡が残り、芝生にも地肌がむき出しになった斜めの小径が無数に刻まれて

いる。これらは人びとがまっすぐ歩きたがることの証である。目的地を目指してまっすぐ歩くのは自然な反応だが、残念なことに建築家の直線定規やそれがつくりだす直角の計画とは対立することが多く、しばしば滑稽な食い違いが生じている。直角のデザインは整然としていて好ましいが、曲がり角や芝生や広場ではさまざまな方向に踏みにじられてしまう。歩行者が好む動線を予測し、複合施設や造園のデザインに無理のない範囲で組み込んでいくのは、そんなに難しいことではない。また、歩行者の好む動線から魅力的なパターンや形態を着想できることも多い。

物理距離と知覚距離

多くの歩行者にとって受容可能な距離は約500メートルである。しかし、受容可能かどうかは距離と経路の質の組み合わせで決まるものなので、この数字は絶対的なものではない。満足度が低ければ、歩く距離は短くなるだろう。一方、道程が興味深く、体験すべきものが豊富で快適なら、歩行者は距離を忘れ、次々に起こる体験を楽しむだろう。

歩行心理学

「うんざりするような眺め」の一例に、歩きはじめる前に全行程が見通せてしまう状況を挙げることができる。そんな道は直線で果てしなく感じられ、道筋に楽しい体験もなさそうに見える。歩いてみるまでもなく退屈そうである。

それとは対照的に道程が適度に分節されていて、広場から広場へと歩き、そこで自然にひと息つくことができる、あるいは道筋が人を誘うような曲線を描き、歩行者がひとつの場所から次の場所へと誘導される、そんな街路もある。曲線の街路は、歩行者の見通しを妨げるほど曲がりくねっている必要はない。歩いていくと曲がり角や湾曲部にさしかかり、新しい眺めが開ければよい。

下右：長い道でも曲がっていて、沿道に見るべきものがたくさんあれば短く感じる（コロンビアのカルタヘナ）
下左：反対に、長い単調な道程が見通せてしまい、沿道に気持ちを引き立たせるものがないと、無限に歩かなければならないように感じる（コペンハーゲンのエアスタッド）

第4章 目の高さの街

階段は歓迎されない

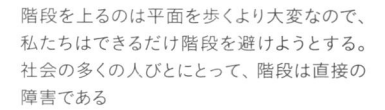

階段を上るのは平面を歩くより大変なので、私たちはできるだけ階段を避けようとする。社会の多くの人びとにとって、階段は直接の障害である

頂上まで見通せる一直線の階段を前にすると、上るのがいっそう大変に感じられる

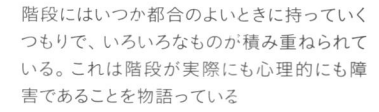

階段にはいつか都合のよいときに持っていくつもりで、いろいろなものが積み重ねられている。これは階段が実際にも心理的にも障害であることを物語っている

コペンハーゲンの幹線歩行者街路ストロイエは全長約1キロで、ほぼ都心の端から端を結んでいる。道筋にはたくさんの湾曲と方向転換があり、それが空間を閉ざし、興味をかき立てている。また、4つの広場が道程を分割しているので、心理的な負担を感じないで都心を歩いて横断することができる。私たちは広場から広場へと歩き、多くの湾曲と方向転換のおかげで、興味深く意外性に満ちた行程を楽しむことができる。こうした条件のもとでは、まったく問題なく1キロ以上の距離を歩くことができる。

目の高さに、見て楽しいものを

　街路の形状、空間のデザイン、豊かな細部、濃密な体験──これらが歩行者路の質と歩行の楽しさを左右する。また、街の「エッジ」も大きな役割を果たす。歩いているときは、まわりを眺める時間がたっぷりある。かたわらの建物1階の目の高さにあるディテールは、行程の質にとって特に重要である。生き生きした街の節（第3章）で述べたように、多くの歩行者が足を運ぶ街には「狭い間口と多くの戸口」が必要である。

狭い間口、多くの細部、垂直のリズムを持つ正面壁

　狭い間口と多くの体験──この原則は、商店や屋台のない歩行者路でも重要である。住宅でもオフィスでも公共施設でも、街路沿いの入口、建物のディテール、植栽が楽しい歩行体験を提供するのに大いに役立つ。また、建物の正面壁に垂直方向の表現が備わっていると、歩く距離が短く感じられ、苦にならない。これに対して、水平性の強い建物は距離を強調し、長く感じさせる。

階段は歓迎されない

　階段も、歩行者の省エネ志向がはっきり現れる場所である。水平の移動はあまり苦にならない。隣の部屋で電話が鳴れば、すぐに行って受話器を取りあげる。しかし、別の階で電話が鳴ると、私たちは大声で誰か電話に出てくれと言う。階段の上り下りには新たな運動が必要である。よけいな筋力を使い、歩行のリズムを昇降のリズムに切り替えなければならない。このような要因があるので、同一平面上の移動や機械力による上下移動に比べて歩行による昇降は負担が大きい。地下鉄駅でも空港でもデパートでも、エスカレーターの前には長い列ができ、すぐ脇の階段はがらがらである。2階建て以上のショッピングモールやデパートでは、買い物客を運ぶためにエスカレーターとエレベーターが必需品になっている。これらの昇降装置が故障したら、人びとは家に帰ってしまう。

物理的かつ心理的障壁としての階段

　2階建て以上の住宅で日常生活を調査したところ、おもしろい結果が得られた。ほとんどの事例において、活動の大半が1階で行われている。いったん居間に入ると、再び上階に行く必要が生じるまで、そこに腰を落ち着けることが多い。子供たちは1階の居間にお

階段よりは斜路を

階段と斜路のどちらかを選ぶことになったら、ほとんどの場合、斜路を選ぶ
右：マラソンルート準備中のヴェネツィアの様子。階段より斜路を選択することがよくわかる

北京のショッピングセンターでは、買い物客のために斜路と階段とエスカレーターが用意されている

応用階段心理学

もちゃを持ち込み、就寝時間になって親が彼らを上階に連れていくまで、ずっとそこで遊んでいる。ほとんどの場合、上階より下階のほうが早く傷む。2階、3階の部屋は、1階の部屋ほど使われない。階段を使わないで行くことができる屋外空間に比べて、屋上テラスはずっと利用頻度が低い。階段の最下段には、よく物が積まれている。そのうち上階に持って行くつもりで置かれているのだが、それは階段が物理的にも心理的にも負担になっていることの証である。

階段は、歩行者にとって肉体的にも心理的にも大きな難関である。歩行者はそれを可能なかぎり避けようとする。しかし、街路の長さと同様に、階段の昇降を楽に感じさせることもできる。5階建ての

階段は彫刻として、また移動と滞留のための都市空間としての役割も持っている（ローマのスペイン階段）

建物の下に立ったとき、階段全体が一度に目に入ってきたら、たいていの人は、生命でもかかっていないかぎり、足を引きずって果てしなくつづく階段を上るのは不可能だと感じるだろう。このような場合には、広く用いられている初歩的な「階段心理学」を参考にするとよい。階段の多くは踊り場で折り曲げられ、いくつもの短い上りに分割されている。それは「広場」から「広場」へと導かれる行程に似ていて、上っていく人は、階段全体のうんざりするような長さを目にしないですむ。このようにして、実際は長い階段を上らなければならない場合でも、私たちは抵抗感なく建物に誘い込まれる。もっとも、階段の抵抗感を抑えることに成功しても、エレベーターがあれば多くの人はそれを利用する。それはともかく、階段心理学は公共空間でも効果を発揮する。たとえばローマのスペイン階段では、上り下りが楽しい体験とみごとに結びついている。

　人びとにできるだけ歩いてもらえるような魅力的な都市空間——その結論は実際のところきわめて単純である。階段は正真正銘の障害物であり、原則として可能なかぎり避けることが望ましい。歩行者の領域でどうしても階段が必要なときは、使いやすい寸法に抑え、視覚的な楽しさや階段心理学をうまく利用する必要がある。ベビーカーや歩行困難者のために、斜路やエレベーターが必要なことは言うまでもない。

階段よりは斜路を

　斜路と階段を自由に選ぶことができたら、歩行者のほとんどは斜路を選ぶだろう。路面を起伏させたり斜路を使ったりして高低差を滑らかにすると、歩行のリズムが乱れない。子供も身体障害者もベビーカーも、妨げられずに進むことができる。斜路はいつでも階段の代わりになるわけではないが、階段より好まれることが多い。

地下歩道と歩道橋は最後の手段

　自動車が街に侵入しはじめた1950年代から1970年代にかけて、道路技術者は状況を無批判に受け入れ、道路容量を増やすことと歩行者の交通事故を防ぐことに全力を傾けた。これらの問題解決に多用されたのは、交通を分離し、地下歩道や歩道橋で歩行者を道路の上下に誘導する方策であった。その結果、歩行者は横断の前後に階段の昇降を強いられることになった。しかし、地下歩道も歩道橋も歩行者にひどく不人気なことがすぐに明らかになった。道路沿いに高い柵を立て、立ち入りを禁止しないかぎり、歩行者は別の場所を横断してしまう。それに、地下歩道や歩道橋ではベビーカー、車椅子、自転車の問題を解決できなかった。

　そのうえ地下歩道には暗く湿っぽいという欠点があり、見通しがきかない場所では多くの人が防犯上の不安を感じている。結局、地下歩道も歩道橋も、高い建設費をかけながら良好な歩行者環境に必要な基本条件に合致していなかった。徒歩と自転車利用を促進する

第4章　目の高さの街

歩道橋

歩道橋は最後の手段であり、歩行者の平面横断が物理的に不可能な場合でなければ意図どおりに機能しない
右：日本の都市では、歩道橋を組み合わせた大規模なシステムがつくられている。難易度：高、楽しい遊歩機会：少（仙台）

街にとって、地下歩道や歩道橋を利用してもよいのは、大きな幹線道路の横断のような特殊な場合に限定されるだろう。それ以外の道路や街路では、歩行者と自転車が街路から追いだされることなく、尊厳をもって横断できる解決策を見つけなければならない。そのような統合交通モデルのもとでは、自動車の速度が抑制され、停止も頻繁になり、歩行者にとって街路がもっと居心地よく安全な場所になるだろう。

現在、世界の各地で地下歩道と歩道橋が廃止されつつある。それは過去の時代、過去の哲学の産物である。

でこぼこの玉石と平らな敷石

言うまでもないことだが、舗装は歩行者の快適性に重要な役割を果たす。今後、自由に動けない高齢の歩行者、車椅子やベビーカー、子連れで街に来たい人たちが増えるにつれて、舗装と路面の質がとりわけ重要になるだろう。路面は平坦で滑らないものが望ましい。

玉石は趣に富んでいるが、歩行者にとっては厄介である

140

地下歩道

スイスのチューリヒでは、長年のあいだ、歩行者は中央駅に行くのに地下道を通らなければならなかった。現在は街路に横断歩道が設けられている

伝統的な玉石や切石は視覚的な趣に富んでいるが、現代の必要条件を満たしていないことが多い。古い玉石の持ち味を維持したい場所では、平らな花崗岩を帯状に敷いて、車椅子、ベビーカー、幼児、高齢者、ハイヒールの女性が楽に移動できるように配慮すべきである。このように新旧を組み合わせた舗装は、多くの街で用いられ、歴史を尊重した優雅な公共空間をデザインすることに成功している。

一年中、そして一日中

　歩くのに適した街は、可能なかぎり一年中、昼夜を問わず利用できるものでなければならない。冬季は除雪と解氷が重要である。コペンハーゲンでは、歩行者領域と自転車道の除雪・解氷が車道より優先されている。路面が凍結する寒い日は、自動車より歩行者のほうが負傷の危険性がはるかに大きい。運転者は、速度を落として注意深く走行することで事故を防止できる。世界のどの地域でも季節を問わず、歩行者に乾いた滑りにくい路面を提供することが、街に歩行者を引きつけるうえで重要な役割を果たす。

　夜間は照明がきわめて重要である。人びとを照らし、通行人の顔を識別することができる適切な照明を設置すべきである。主要な歩行者路に面した建物の壁、物陰、街角を照らす適度な照明も、防犯性と安心感を高めるのに欠かせない。また、歩行者が安全に移動できるように、路面や階段には十分な明るさが必要である。

　街を歩こう。一年中、そして一日中。

4.3 時を過ごすのに適した街

貧しい都市——豊かな都市

　都市空間で行われる活動は、移動活動と滞留活動の2種類に大別できる。移動活動と同様に、滞留活動も内容は多岐にわたっている。活動の広がりと性格は、その地域の文化と経済水準に大きく左右される。経済的に発展途上にある多くの都市では、ほとんどの活動が必要に迫られて起こる。さまざまな活動が公共空間で行われるが、強い外的必要性によって生みだされるものなので、都市空間の質が街のアクティビティに影響を及ぼすことはほとんどない。

　一方、経済先進地域では、街のアクティビティ、特に滞留活動が任意活動の影響を大きく受ける。人びとは活動に適した質の高い都市空間を選んで歩き、立ち止まり、座っている。豊かな都市では質の高さが街のアクティビティにとって不可欠になっている。しかし、このような差異を認めたうえで、経済資源の豊かな地域でも乏しい地域でも人びとの要求に配慮し、それに応えることが必要である。

　本節では、時を過ごすのに適した街が備えるべき条件を明らかにしたい。出発点は誘引と街の質である。

必要活動と任意活動

　滞留活動は、必要性の度合いに沿って明快に説明することができる。物差しの一端には、路上の商売、道路の清掃・補修など、都市の質にあまり左右されない必要活動がある。商品や資材が行き来し、人びとが交差点やバス停で辛抱強く待っている。物差しのもう一方の端には任意の余暇的な滞留活動がある。ベンチやカフェの椅子に座り、街を見渡し、街のアクティビティを観察する活動がその一例である。ここでは、場所の状態、天候、位置などの質が決定的な役割を果たす。

よい街には歩いていない人がたくさんいる

　任意活動は都市の質に大きく左右される。そのため、滞留活動が盛んであるかどうかを見れば、たいてい都市とその空間の質を評価することができる。歩行者が多いだけでは、都市の質が高いことの証拠にならない。動きまわっている歩行者が多いのは、公共交通が発達していないから、あるいはいろいろな機能が街のあちこちに分散していて長い距離を歩かなければならないからなのかもしれない。それとは反対に、街をあまり人が歩いていないのは都市の質が高い証拠かもしれない。ローマのような街で目につくのは、歩いている

貧しい都市――豊かな都市

滞留活動は世界各地で大きく異なっている。第三世界の国々では、街の滞留活動のほとんどすべてが必要に迫られて行われているが、もっと豊かな国々では、滞留活動の多くが余暇的なものや選択によるものである（インドネシア・ジョグジャカルタとローマ）

人より、広場でたたずんだり座ったりしている多くの人である。そして、人びとがそうしているのは必要に迫られてではなく、都市の質がそれだけ魅惑的だからである。人を引き止める誘惑がたくさんある都市空間で、移動しつづけるのは難しい。一方、多くの新市街地や新しい大規模開発地区では、たくさんの歩行者が通り過ぎていくが、立ち止まったり滞留したりする人はほとんどいない。

立ち止まる

　立ち止まる行為は、たいてい短時間の活動である。楽に立っていられる時間には限界があり、場所に求められる質的条件もきわめて少ない。歩行者はいつでも足を止め、まわりで起こっていることにすばやく目を走らせることができる。また、ウィンドーをのぞき込み、路上の演奏に耳を傾け、友人と挨拶を交わし、ちょっとひと息

第4章 目の高さの街　143

エッジ効果

エッジ効果として知られているように、公共空間の縁（エッジ）は人びとを引きつける不思議な魅力を持っている。ここでは私たちの感覚が空間を支配することができる。私たちは背後を守られ、起こっている出来事に向かいあうことができる（ニュージーランド、米国、オーストラリア、中国）

入れることもできる。短い休止は、場所や快適性とは特に関係なく、都市空間のいたるところで自然に発生する。歩行者は、ちょっとした問題やきっかけで足を止め、立ち止まる。

エッジ効果　　歩行者が長時間にわたって足を止める必要がある場合は状況が大きく異なる。彼らはたたずむのに適した場所を見つけなければならない。誰かを、あるいは何かを待っていて、どれくらいの時間になるかわからないとき、彼らは慎重に居心地のよい場所を探す。

　しばらく足を止めるとき、人びとは決まって空間の縁に沿った場所を探し求める。この現象は「エッジ効果」と呼ばれている。空間の縁（エッジ）に身を置くと、私たちは歩行者の流れを妨げることなく、目立たず静かにその場にとどまることができる。エッジにいると、有利なことがたくさんある。前方の物事をすべて観察することができ、背後が保護されていて不意を突かれないですむ。物理的にも心理的にもしっかりした支えが得られる。壁の窪みや奥まった場所にたたずんで、壁に寄りかかることができる。エッジでは風雨や日射しがある程度さえぎられるので、局地的な気候条件にも恵まれていることが多い。そこは時を過ごすのに適した場所である。

　私たちが空間の縁に身を置くのを好むのは、五感や社会的交流の習慣と深い関係を持っている。エッジ占有の原理は、洞窟に住んでいた人類の祖先にまで遡ることができる。彼らは洞窟の壁を背にして座り、前面に広がる世界に目を注いでいた。もっと最近の例は、舞踏会でダンスの合間に壁を彩った「壁の花」である。そして家に帰ると、私たちはしばしば居間の隅のソファに腰を落ち着ける。

　都市空間では見知らぬ人びとのあいだで時を過ごすので、エッジの占有がとりわけ重要になる。自分が独りぼっちでいることを、誰もあからさまに人に示したくはない。壁際に立っていれば、少なくとも支えてくれるものがある。エッジのない都市空間は時を過ごすのに向いていない。よく目にするのは、交通量の多い道路に囲まれ、まわりの建物から切り離されて、大きな空間のなかを「あてどなく漂流」している都市空間である。広場の四面のうち一面でも建物に接していると、滞留活動が目に見えて高まり、広場が生き生きしたアクティビティの舞台になる。建物1階の活動が広場に影響を与え、通り過ぎるだけの広場が時を過ごす広場に姿を変える。

　新市街地や大規模開発には多くの空虚な都市空間が見られるが、それらはどれも活気あるエッジや滞留の機会に対して十分な配慮をしていない。文字どおり、そこには足を止める根拠が欠けている。

ピアノ効果――拠り所を見つける喜び　　宴会の客のふるまいを観察すると、身を置くのに適した場所について重要な情報を得ることができる。基本法則のひとつは、客が無意識のうちに壁際に居場所を求めるというものである。これは特に到着

拠り所になるもの

子供も高齢者も、聖職者も俗人も、すべての人は都市空間で実質的にも心理的にも拠り所を必要としている（デンマーク、イタリア、グアテマラ）

直後によく見られる。もうひとつの特徴的な行動は、エッジにある家具、隅、柱、窪みなどに身を寄せる「ピアノ効果」である。このような場所は身を置く拠り所になり、単なる壁際の場所より境界がはっきりした場所になっている。客はグラスを片手に自主性を保つことができる。そこは壁を背にした控えめで安全な場所であり、近くのピアノや柱が心強い相棒になり、状況をしっかり把握することができる。

建物外壁のディテール、設置物、備品なども、公共空間のエッジ部分で身を寄せるための拠り所を提供してくれる。車止めの柱は、シエナのカンポ広場で見られるように、街のアクティビティを支える設置物の好例である。カンポ広場では、活動の多くが車止めの柱のそばやまわりで行われており、柱にもたれている人の姿もよく目につく。天候のよい日には、空いている柱を見つけるのが難しいほどである。シエナの街から車止めの柱が撤去されてしまったらどうなるだろうか。街の中心広場で行われている活動の大半が根なし草になり、アクティビティが大幅に低下するにちがいない。

街のエッジは、人びとに好まれる滞留場所になる可能性を持っている。しかし、魅力的な滞留場所であるためには、エッジと建物外壁のディテールが互いに補強しあう必要がある。街には身を寄せるのに適していない外壁もある。閉鎖的でディテールのないのっぺりした外壁は逆効果である。それは人びとに「立ち止まらずに進みなさい」と合図している。

窪み効果——身を置くだけでも楽しい

街のエッジは、いつも柱、階段、窪みなど外壁のディテールと一体に考えなければならない。都市空間にエッジがあるだけでは十分とはいえない。これらのエッジにディテールが備わり、人びとに「ここで立ち止まり、くつろいでください」という合図を送る必要がある。

街の外壁要素のなかで、「洞穴」と窪みはとりわけ魅力的な滞留場所の代表格である。窪みのなかでは容易に拠り所を見つけることができる。そこには寄りかかる壁、風や悪天候から身を守る場所があり、進行していることを眺めるのにも都合がよい。特に重要な魅力は、窪みに身を置くと人前に完全に身をさらけださないですむ点である。窪みにいれば、簡単に身を引いて姿を隠すことができ、興味深いことが始まったら即座に出ていくことができる。

時を過ごすのに適した街には
でこぼこの外壁と
魅力的な拠り所がある

前節では、歩行と階段の心理学について説明した。本節で扱っている街での滞留行為についても、同じような感覚と行動の関係を観察することができる。それが街で時を過ごす機会を強化する手がかりになる。それは、時を過ごすのに適した街にはでこぼこした外壁と魅力的な拠り所があるという、いたって単純な事実である。これとは対照的に、エッジがない街やディテールのないのっぺりした外壁がつづいている街は、「滞留心理学」の面で魅力を欠いている。

時を過ごすのに適した街には豊かな細部を持つファサードがある

街に面した壁の窪みや開口部は、時を過ごす場所として特に人気がある（スペイン、ポルトガル、メキシコ、カナダ）

座る

街で少し長く時を過ごす必要がある人たちは、立ったままでは疲れるので座る場所を探すことになる。長時間の滞留が予想されるときは、それだけ注意深く座る場所を選ぶだろう。利点が多く、不都合の少ない場所が最適なことは言うまでもない。

座るのに適した場所

1990年にストックホルムの都心で街の質を調べる調査が行われ、その一環として座る場所の質を測る4段階評価が用いられた[注9]。その結果を要約すると、座るのに適した場所の一般的条件は、快適な局所気候を備えていること、背後を保護されたエッジに位置していること、よい眺めがあること、騒音が少なく会話が可能なこと、空気が汚れていないことであった。なかでも眺望が特に重視されていた。水、木立、花、美しい空間、立派な建築、芸術作品など、特

建築学部の学生も、でこぼこの外壁沿いで時を過ごすのが好きである（スコットランドのアバディーン）

別な魅力を備えた場所では、誰もがそれらがよく見えることを望んでいた。それと同時に、人びとはその場にいる他の人たちとそのアクティビティを見たいと望んでいた。魅力的な眺望が場所の吸引力を高めることは言うまでもないが、人びとと街のアクティビティの眺めはそれ以上に大きな魅力である。局所気候、配置、保護、眺望の4条件がそろえば、座るのに理想的な場所になる。「これは居心地のよい場所だ。ここならゆっくり時を過ごすことができる」。

予想されたことではあるが、ストックホルムの調査は、街にある座る場所の質と個々の場所の使われ方とのあいだに明快な関係があることを明らかにした。条件の悪い座る場所がほとんど利用されていない（占有率7〜12パーセント）のに対して、魅力的な特質を備えたベンチは頻繁に利用され、占有率が61〜72パーセントに達していた。この調査は夏季の天候に恵まれた日に実施されたものだが、そこでは街のベンチが満席になることがほとんどないことも明らかにされた。

公共のベンチを観察すると、ほとんどいつも一定割合の空席がある。それは、誰かが立ち去ると残った人が広い場所を占有する傾向があるため、あるいは人と人のあいだ、仲間と仲間のあいだにほぼ腕の長さの間隔が維持されるためである。

ストックホルムのセルゲル広場で最も人気の高い「眺めのよいベンチ」の場合、昼時に座席が空いて埋まるまでの時間は平均22秒であった。しかし、このように快適な座席の需要が高いのに、占有率は70パーセントにすぎなかった。ある程度の空席は、物理的にも心理的にもベンチの快適感を高める働きをする。人は人の近くに座ることを望むが、接近しすぎるのは好まない[注10]。

基本席と補助席

座る場所の快適さによって、座席の選択と滞留の長さが決まってくる。街に快適で多様な座る場所を用意するには、基本席と補助席

座るのに適した場所と適していない場所

樹木、ベンチ、ごみ箱が広場に均等に配置されていると、快適に滞留できる場所も心地よい視覚環境も生まれない（スペインのコルドバ）

をうまく組み合わせる必要がある。基本席は背もたれと肘掛けのついた家具であり、ベンチ、独立した椅子、カフェの椅子などがこれに該当する。座席の背もたれと肘掛けは、そこでしばらく時を過ごしたい人びと、また座っているときや着座するとき、立ちあがるときに支えが必要な高齢者にとって快適である。座席の材質、断熱性、防水性などの属性と並んで、座席のデザインが快適性を左右することは言うまでもない。

多くの場合、適切な場所に置かれた快適な基本席に加えて、十分な補助席を用意しておく必要がある。人びとは補助席でくつろいで自由に座り、休息をとったりまわりを眺めたりすることができる。座る場所としては、基壇、階段、石、車止めの短柱、記念碑、噴水、街の地面そのものなど、実にさまざまなものが利用できる。座る場所の需要が高い日には、街の座席選択の幅を拡げるのに補助席が大

左：滞留の質は座席の位置とデザインに大きく左右される。金属パイプはかなり問題のある解決法である（日本）
右：日射しを受けた妻壁沿いのベンチは、人びとを快適な滞留に誘う（スペイン）

いに役立つ。補助席の利点は、階段や植木鉢の基壇のように本来の役割を持っていて、必要なときに座る場所に利用できる点である。

　かつては建物や街の調度類が、歩行者の領域を美しく彩る要素としてデザインされていると同時に、人びとに座る機会を提供していることが多かった。ヴェネツィアにはベンチがほとんど見当たらないが、座るのに適した場所が豊富にある。ウィリアム・H・ホワイトはビデオ『小さい都市空間の社会生活』のなかで、ヴェネツィアを評して「街のどこにでも座ることができる」と述べている[注11]。

誰がどこに座るのか？

　一般に子供と若者はどこにでも、また何にでも座ることができる。快適性、天候、材質は彼らにとって大きな役割を果たしていない。街の補助席に座っているのは、たいていこの2つの集団である。大人と高齢者はもっと快適性を重視しており、ずっと注意深く座る場所を選ぶ。快適な街のファニチュア、たとえば「座り心地のよい」材質で、背もたれと肘掛けのついた安楽な座席——大人と高齢者が街で座る場所を選び、しばしの時を過ごすには、これが決定条件になることが多い。すべての人のための都市空間という理念を重視

よい都市空間にはベンチや椅子などの基本席だけでなく、階段、彫像の基壇、記念碑などの補助席が必要である（コペンハーゲンの座れる彫刻、ハンブルク・ハーフェンシティの寝椅子ファニチュア、シドニー・オペラハウス前の着座景観）

第4章 目の高さの街　151

垂直な背もたれと冷たい座面

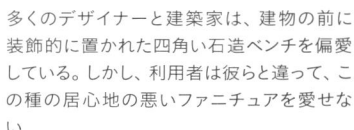

多くのデザイナーと建築家は、建物の前に装飾的に置かれた四角い石造ベンチを偏愛している。しかし、利用者は彼らと違って、この種の居心地の悪いファニチュアを愛せない

都市空間の真ん中に居心地の悪いベンチが置かれているとき、そこにブロンズ製の人たちを座らせるのはよい考えである。そうすれば空のベンチにはならない（ベルギーのハッセルト）

するなら、高齢の人たちに快適な座り場所を提供することが特に重要である。若い人たちはいつでも座ることができる。

垂直な背もたれと冷たい座面

　前に述べたように、人びとが街で過ごす時間が長くなれば街がそれだけ生き生きする。多くの場合、滞留の広がりと長さが街のアクティビティを決定する。誰もが社会的交流のできる街をつくるには、すべての年齢層の人たちが時を過ごすことのできる機会が必要である。

　しかし、多くの建築家は、快適に時を過ごすことのできる魅力的な都市空間づくりの原則と相容れないことをしている。座る場所の配置や、ベンチのデザインと材質の選択には、往々にして街のアクティビティへの配慮がまったく欠けている。ベンチは、エッジからも隅や窪みからも離れた拠り所のない空間のまんなかに固定されており、座席のデザインは台座か「棺桶」のようで、彼が設計した建物群には調和しているが、そこに座る人たちのことは考えていないことが多い。大理石や磨かれた花崗岩は美しく耐久性があるが、こうした冷たい材質が座席として快適なのはバルセロナより南の、それも限られた季節だけである。そして背もたれがなければ、長い時間は座っていられない。

移動式の椅子

　前述のように、基本席にはさまざまな種類のベンチがあるが、パリの公園やニューヨークのブライアントパークに見られるような移動式の椅子も適している。移動式の椅子は融通性が高く、利用者は敷地や天候の条件、また眺望に合わせて椅子を自由に動かすことができる。椅子を自由に動かせることは、その場の状況に合わせて交流空間をしつらえるうえでも都合がよい。

　また、季節に応じて簡単に片づけられることも移動式の椅子の利点である。寒い季節に広場や公園に放置された無人の椅子は、季節はずれの海辺の行楽地を連想させ、わびしいものである。

私的空間と公的空間のあいだの
移行ゾーンで時を過ごす

　これまでの考察は、街の公共空間を歩いている人びとが自由に利用できるベンチや椅子、さまざまなディテールなどの楽しみに焦点を合わせてきた。しかし、街の公共空間のエッジで行われる半私的な滞留も活動の総量を増やす効果を持っている。中心街や街路、住宅地区で実施された多くの調査によって、都市空間を縁どるバルコニー、テラス、前庭などにおける滞留が滞留活動全体の大部分を占めていることが明らかにされている［注12］。エッジのゾーンは利用者が気軽に足を運ぶことができ、自由にしつらえたり整えたりすることができる。そのため、街で時を過ごす他の選択肢より活発に利用されている。利用グループがはっきり限定されており、すぐ手近なところにある。

カプチーノ
──元気回復の一杯、そして口実の一杯

　都市のエッジに見られる滞留活動のうちで、現代の都市景観に最も大きな影響を与えているのは歩道のカフェである。過去20〜30年のあいだに、屋外での飲食提供が都市空間で広く行われるようになった。

　歩道カフェは、かつては地中海沿岸の都市と文化に固有のものだったが、いまでは世界中の経済先進地域の都市で人気を博している。都市住民が豊かになり、自由な時間を多く持つにつれて、屋外での

持ち運びのできる椅子を用意すると、街に快適で柔軟な滞留機会が生まれる（オーストラリア・メルボルンの市庁舎広場、ニューヨークのブライアントパーク）

第4章 目の高さの街

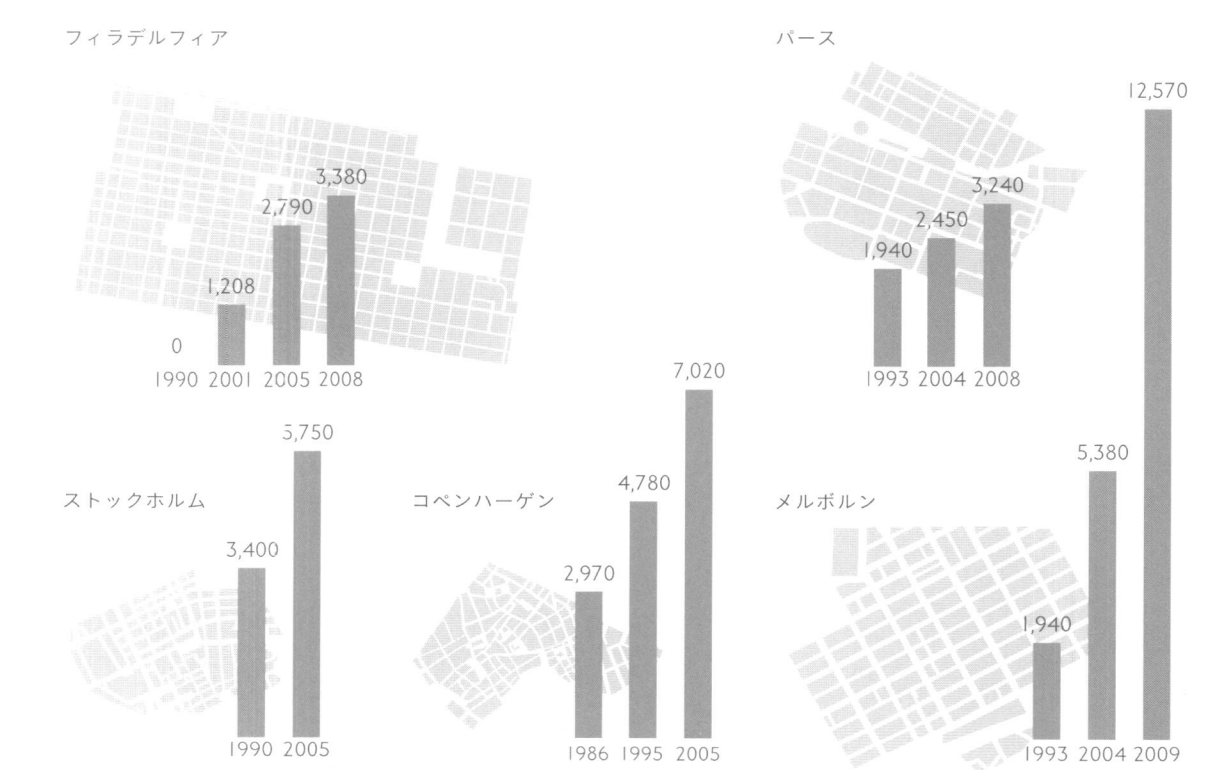

カプチーノは元気回復の一杯——そして口実の一杯

フィラデルフィア

0　1,208　2,790　3,380
1990　2001　2005　2008

パース

1,940　2,450　3,240　12,570
1993　2004　2008

ストックホルム

3,400　5,750
1990　2005

コペンハーゲン

2,970　4,780　7,020
1986　1995　2005

メルボルン

1,940　5,380　12,570
1993　2004　2009

1:50,000
1,500 m

上の棒グラフは各地の野外カフェの席数変化を示している。都市空間を利用したカフェの席数が急増しているのは世界共通の現象である。それは街の使い方に対する新しい要求と新しい方法を示している。テーブルに置かれたコーヒーカップは、元気回復の一杯であると同時に、街で時を過ごす、それも長い時間を過ごすよい口実になる[注13]

飲食提供がフィンランドからニュージーランド、そして日本からアラスカまで、世界の広い地域に拡大してきた。訪れた街の野外カフェで繰り広げられる楽しいアクティビティを目にした観光客が、自国にカフェ文化を持ち帰るようになった。かつての街は必要活動に支配されていたが、カフェが余暇的アクティビティを一気に拡大させた。いまや人びとは、カフェの特等席から街と街のアクティビティを楽しむ時間と経済力を手にしている。

20〜30年前まで、コペンハーゲンやメルボルンなど多くの都市が、気候条件からして野外カフェの文化には向いていないと考えられていた。しかし、どちらの都市も現在は都心部に7,000席以上のカフェがあり、以前は夏だけだった営業期間が年々長くなり、屋外での飲食提供時間も20時、22時、24時と次第に延びている[注14]。

カフェの人気とそこでの滞留時間が比較的長い事実は、カフェが2つの魅力、すなわち居心地のよい椅子と通行人を眺める楽しみを兼ね備えていることを物語っている。歩道カフェの存在意義と魅力は、まさに歩道のアクティビティに他ならない。もうひとつの利点

は休息と元気回復の機会である。一部の人たちはコーヒーを飲むことを第一の目的にして歩道カフェに腰を落ち着けるが、コーヒーはまわりで繰り広げられる街のアクティビティを眺める口実にもなる。多くの場合、いろいろな魅力の組み合わせがカフェを訪れる理由になっている。ほとんどの人が1杯のコーヒーを飲むのに必要な時間よりずっと長く腰を落ち着けている事実がそれを物語っている。活動の実態は余暇であり、休息であり、都市空間の享受である。

かつての人びとは、必要な仕事をこなすために街で多くの時間を使い、その道程で多くの実務や社会的義務を果たしていた。歩くことと街で時を過ごすことは日常活動の欠かせない一部だった。

今日では街に必要な仕事があることはまれで、そこで貴重な時を過ごして楽しみや喜びを得る機会も限られている。こうした新しい状況のもとで、歩道カフェとコーヒーが新しい目的地と、街で時を過ごす新しい理由を提供してくれている。

よい街はよいパーティに似ている
──客が腰を落ち着けるのは自分が楽しいからである

前章では、活動の数と長さがアクティビティと街に大きな影響を与えること、また滞留活動とその長さが生き生きした都市空間と街をつくる重要な鍵になることを説明した。街に多くの人がいても、滞留が短ければアクティビティはあまり高まらない。

街に歩行者と自転車利用者を呼び込むのは必要な第一歩だが、それで十分ではない。それらの人びとが腰をおろし、街で時を過ごす機会も用意しなければならない。滞留活動は生き生きした街の鍵であり、本当に楽しい街の鍵でもある。美しく、有意義で、居心地のよい場所であれば、人びとはそこで時を過ごす。よい街は、よいパーティと多くの共通点を持っている。客が腰を落ち着けるのは自分が楽しいからである。

近年、ほんの数十年前にはそのようなことなど考えられなかった地域でも、カフェ文化が急速に普及している(アイスランド・レイキャヴィクの夏の午後)

第4章 目の高さの街

4.4 出会いに適した街

見る、聞く、話す
——共通の前提条件

　出会いに適した街は、本来、人間の基本的な3つの活動、すなわち見る、聞く、話す機会に恵まれた街である。

　都市空間での出会いにはさまざまな段階がある。受け身のふれあい、たとえば街のアクティビティを見たり聞いたりするだけの機会は、控えめで気軽なふれあいである。見たり見られたりするのは、最も単純でどこででも見受けられる出会いの形である。

　もっと積極的で直接的な出会いは、見たり聞いたりするだけのふれあいに比べると数は少ないが、多彩な内容を持っている。あらかじめ計画された会合、自然発生的な集会、思いがけない出会い、散歩の途中で行き会った知り合いとの挨拶や会話などがそれである。人に道を尋ね、教えてもらうことがある。友人や家族と街を歩きながら会話をすることがある。ベンチやバス待合所で、隣に座った人と特に理由もなく、あるいは思いがけないきっかけで話をすることがある。目を引く出来事、耳に訴えてくる音楽、またパレード、街頭パーティ、デモなどの大きな公共行事に目を奪われたり、参加したりすることもある。

　見たり聞いたり話したりする機会、そのさまざまな組み合わせが、街で人びとが交流するための前提条件である。

よい眺めが必要不可欠

　街のアクティビティを眺めるのは、最も重要で人気の高い都市の魅力である。人間観察は、歩いているときも、立ち止まっているときも、座っているときも、絶えず行われている普遍的な活動である。ベンチや腰掛けは、人びとを眺めるのに適した場所ほどよく利用される。もちろん都市計画家は、水、樹木、花、噴水、建物など、人間以外の魅力的な眺めも考慮しなければならない。複数の魅力を組み合わせれば、よりよい眺めを提供することができる。街の質を高めるには、眺めと眺望対象を慎重に考慮することが必要である。

眺望を妨げないように

　街の魅力を自由に妨げられずに眺められることがきわめて重要なので、眺望と併せて視線を注意深く扱う必要がある。多くの街で、駐車している自動車やバス、配置のまずい建物や設備、樹木などが眺めと見晴らしを阻害している。

もうひとつ問題なのは、建物の窓やバルコニーからの視線である。ここでは特に深い理由もなく、水平の窓桟が目の高さに取りつけられていることが多い。そのため、屋内に座っている人は外をよく眺めることができない。バルコニーの頑丈すぎる手すりやテラスの柵も、街路や公園のアクティビティを屋内から眺めづらくしていることが少なくない。建築家は、細部をデザインするとき、屋内の私生活が外部から侵害されないように配慮するだけでなく、屋内からの眺めにも気を配る必要がある。

　立っているとき、座っているとき、また子供の目の高さを念頭に置いて、視線を組み込んで建物と街路の断面図を検討することが大切である。

視覚的ふれあい
―― 建物の内と外から

　街路レベルでの内外の視覚的ふれあいが重要なことは前節で述べたとおりである。建物内、特に1階にいる人と建物前の公共空間にいる人との視覚的ふれあいは、建物の内と外にいる人たちが充実した体験とふれあいの機会を得るうえで重要である。

　ここでも、体験とふれあいへの配慮と私的領域の保護に対する配慮を両立させる注意深い計画が必要不可欠である。商店やオフィスでは、視覚的開放性を高めても支障のないことが多い。内部がよく見えるアップルストアは、店内のアクティビティが視覚的に街のアクティビティの重要な一部であることをよく示している。それとは対照的に、他の多くの商業施設、特にスーパーマーケットは、レンガ壁、着色ガラス、宣伝ポスターなどで内部を覆い隠し、街のアクティビティから孤立し、都市生活を味気ないものにするのに一役買っている。もうひとつ残念な現象は、営業時間外に商店のウィンドーを閉ざしてしまう頑丈なシャッターの蔓延である。このような閉鎖的なファサード沿いには見るものも体験するものもないので、夜

内外の視覚的ふれあいは、双方に新しい体験の機会を提供する

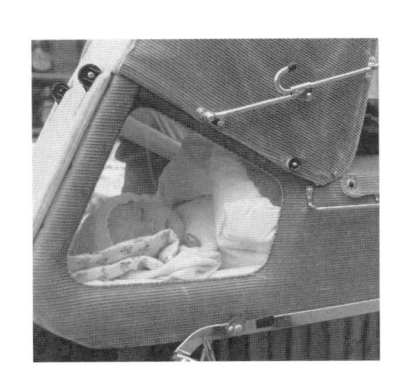

建物の内と外からの視線

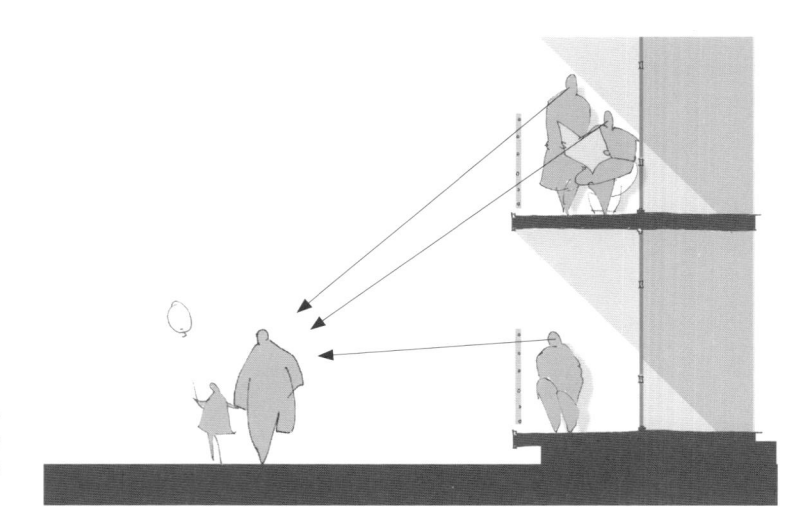

内外の視線を考慮し、立っていても座っていても外を眺められるようにすることが大切である。私的領域を損なわずに幅広い視覚体験を保証する必要がある

ラルフ・アースキンは、俯瞰に配慮してバルコニーの手すりをデザインしている（スウェーデン・ストックホルムのエーケレ）

この住宅団地では視線に注意深く配慮し、内外の良好な視覚的ふれあいを保証している（コペンハーゲンのシベリウスパーク、110ページ参照）

開放か閉鎖か

街路沿いの店先がシャッターで閉じられていると、内外の視覚的ふれあいが妨げられる。通りを歩いても目を引くものがほとんどなく、夜になると不安感に拍車がかかる

右上：ロンドンの新しい幹線歩行者街路沿いの閉鎖されたファサード
右：オーストラリア・メルボルンの開放的なファサード。ここでは先見の明のある政策のおかげで、新市街地の1階が生き生きしている

間や週末に街を歩いても少しも楽しくなく、街の安全性も低下する。

　問題の多いこのような閉鎖性を解消するため、1階の活気と視覚的魅力を高める政策を採用している都市がある。メルボルンがそのよい例であり、主要街路沿いの新しい建物に対して、ファサードの60パーセント以上を開放的で人を引きつける状態にすることを義務づけている。他にも1階の活気を高める同様の政策をとって効果を上げている都市が数多くある。

　住宅の場合、他人の視線をさえぎりつつ視覚的ふれあいを可能にする手段として、さまざまな部分的遮蔽が用いられている。目隠しや植栽を使ったプライバシー確保もある。後者では、要所に配置された段差、前庭、花壇などを使って、通行者と手の届く距離を保ちながらプライバシーを確保している。また、住宅の床を街路より数段高くし、高低差を使って問題を優雅に解決している例もある。この方法では、のぞき込みを防ぐと同時に街のアクティビティがよく眺められる。

聞く、話す

　聞いたり話したりできることは、都市の公共空間が備えるべき重要な特質である。しかし、自動車交通によって都市の騒音レベルが

第4章 目の高さの街　159

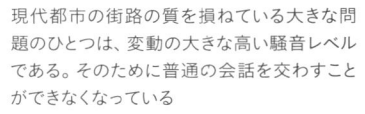

コミュニケーションと騒音レベル

現代都市の街路の質を損ねている大きな問題のひとつは、変動の大きな高い騒音レベルである。そのために普通の会話を交わすことができなくなっている

ヴェネツィアのような歩行者の街では、騒音レベルがたいてい60デシベル以下である。そこでは、かなり離れていても話がよく通じる

上昇したため、それが次第に背後に押しやられてきた。街で人に出会い、会話を交わすことは、かつては当然のことと考えられていたが、どんどん困難になっている。

　歩行者が主役のヴェネツィアの小径と、自動車があふれるロンドンや東京、バンコクの街路を比べると、都市の街路の騒音レベルが劇的に変化したことがよくわかる。これらの街を歩くと、こうした変化の過程で失われた特質がはっきりする。

　ヴェネツィアで列車を降り、駅の階段に足を踏みだした瞬間から、静かさに驚かされる。突然、人びとの声や足音、鳥のさえずり、音楽が聞こえてくる。ヴェネツィアではどこでも、静かに心地よく人と話すことができる。また、足音、笑い声、会話の断片、開け放たれた窓からの歌声、都市生活のさまざまな物音が耳に入ってくる。会話を交わす機会と人間活動の物音は、どちらも重要な特質である。

自動車があふれる街路を歩くと、まったく違う体験が待ち受けている。自動車、バイク、とりわけバスとトラックの発する騒音が建物の壁に反響し、絶えず高い騒音レベルに包まれ、人と話すのがほとんど不可能である。人と話すには大声で叫ばなければならない。それも耳元で叫ばなければならないので、会話距離が極限まで狭まり、しばしば唇の動きを読まなければ会話を理解できない。極端な騒音レベルが常態化し、人びとのあいだの意味のあるコミュニケーションが不可能になっている。

　こうした街路を使う人たちが次第に騒音に慣れてくると、この事態を疑問に感じなくなる。彼らは騒音のなかで片方の耳に指を突っ込み、携帯電話に大声で話しかけている。

　騒音に支配された街では、公園、歩行者専用街路、広場だけが声や音を聞くことのできる空間である。そこに足を踏み入れると、突然、人びとの声やさまざまな人間活動の音が耳に戻ってくる。歩行者専用街路には、路上演奏や大道芸人が過密なほどに集まってくる。彼らの活動は、街の他の場所では成り立たない。

　街なかの自動車交通を減らす必要がある。少なくとも速度を抑える必要がある。その論拠はいろいろあるが、それによって騒音レベルが抑えられ、人びとのコミュニケーションが再び可能になることは大きな利点のひとつである。

コミュニケーションと騒音レベル

　人びとが通常の会話距離を保って、普通の声でさまざまな会話を交わすには、その場の背景をなす暗騒音のレベルを60デシベル以下に抑える必要がある。

　音は8デシベル上昇するごとに耳に感じる大きさが倍増する。つまり68デシベルの音は60デシベルの2倍の大きさに感じられ、76デシベルの音は4倍に感じられる[注15]。

　デンマーク王立芸術大学の建築学部は、ヴェネツィア湾に浮かぶ歩行者だけの小さな島ブラーノとコペンハーゲンの交通量の多い街路を調査し、歩行者の街と自動車の多い街路を比較すると、人びとのコミュニケーションと騒音レベルのあいだに結びつきが見られることを明らかにした[注16]。ブラーノ島の平均騒音レベルは、狭い裏通りが52デシベル、街の中心街路が63デシベルだった。中心街路の暗騒音は裏通りの約2倍であり、どちらの通りでも騒音レベルはほぼ一定していた。

　52デシベルの空間でも63デシベルの空間でも、気持ちよく会話を交わすことができ、かなり離れていても話がよく通じる。運河越しでも、街路と建物の上階とのあいだでも、あまり支障なく会話が成り立っている。

　コペンハーゲンの交通量の多い街路では、通常の暗騒音は72デシベルだったが、騒音レベルの変動が激しく、バスや大型トラック

会話景観

街のファニチュアしだいで会話が困難になったり、時には不可能になったりする。一方、デザインと設置が適切であれば、利用者の欲求と必要に応じて、豊かな会話の機会を提供することができる

が通過するときは84デシベルまで上昇した。72デシベルの騒音レベルは、この街路が歩行者専用街路に比べて3〜4倍も騒々しいことを意味している。そこでは会話がほとんど不可能であり、交わされる会話はたいてい数語だけの短いものであり、それも騒音の大きな車両が通っていないときに限られる。

60〜65デシベルの騒音水準は、中程度の人間活動が行われている歩行者専用空間に多く見られ、人びとの足音、会話、子供たちの遊ぶ声、建物からの反響音などに起因するものである。

ロンドン（2004年）、シドニー（2007年）、ニューヨーク（2008年）で実施された街のアクティビティ調査によれば、72〜75デシベルの強い暗騒音が観測されたのは都心の街路である[注17]。

会話が困難な状態は3都市すべてに見られた。特にロンドンでは、あまり広くない街路、高い建物、市内バスの騒々しいディーゼルエンジンが相乗作用を起こし、街のほとんどの場所で通常の会話が不可能な音響環境を生みだしている。

会話景観

街のファニチュア類は、都市空間における出会いを演出するのに役立つ。人びとが肩を並べて座れる長いベンチは、人びとのあいだの「手の届く距離」を保つのに適している。

街のベンチは空間や距離を確保するのには適しているが、コミュニケーションには向いていないことが多い。首をまわして会話をつづけることはできるが、子連れの家族、友達など、おしゃべりを楽しみたい集団にとって、直線配置のベンチはあまり快適でない。ベンチを1か所に集めて「会話景観」をつくるほうがずっとよい。

建築家ラルフ・アースキン（1914〜2005年）が手がけたプロジェクトでは、どこでも小さなテーブルを囲んで2つのベンチが配置され、会話景観を生みだしている。こうすると、座った人たちはテーブルを使いながら話をすることができる。2つのベンチは直角よりやや開いた角度で配置されているので、人びとは自分の好みで他の人と会話を楽しむことができるし、独りでいることもできる。

都市空間のなかで特に活発な会話景観が見られるのは、移動式の椅子が長年にわたって人びとを引きつけてきたような場所である。このやり方はパリの公園で始まり、新旧の多くの都市空間に広まった。

言うまでもないことだが、会話を交わす場所を選ぶとき、背もたれのない台座のようなベンチやそれに類する場所は最も人気が低い。

いっしょに時を過ごそうとしている家族連れにとって、この種の箱形ベンチは何とも居心地が悪い。さらに悪いことに、それらはほとんどの場合、拠り所になる建物の壁から切り離され、広い空間のまんなかに置かれている。

建築家は箱形が彼の建築に合っていると考えたのだろうが、人びとの出会いを促進することには役立っていない。

出会いの場所としての街

都市空間は、何千年にもわたって人びとの出会いの場所だった。この機能はいまでも最も重要で、最も貴重なもののひとつである

164

音楽を通じた出会い

街は、音楽や演技を通じて人びとが交流する出会いの場所でもある。そこでは、リコーダーを吹く小さな子供から、高らかに演奏しながら街を練り歩く救世軍の楽隊や衛兵の行進まで、多くの人がさまざまな腕前を分かちあう。これらの活動は、どれも都市空間における彩り豊かで大切な出会いである。

この話題について、私には読者に伝えたい思い出がある。30年前、私はジャズ楽団の一員として、街頭パーティ、祭り、地下鉄の開通式、教会の音楽会などでトロンボーンを吹いていた。さまざまな都市空間を舞台にして演奏するのは、とても魅力的だった。そして、音楽が空間や場所に大きな影響を受けることに気づいた。公園の広々とした芝生では大半の音が吸い取られ、残りの音も風で四散し、期待はずれの結果に終わってしまう。それとは対照的に、旧市街の広場や狭い通りでは急に音楽が輝きを発する。特に人間的尺度を保った空間ではその効果が著しい。そこでは本物の音楽演奏が始まる。

さまざまな段階の民主的集会

街は民主的な意見交換の面でも出会いの場所であり、そこで人びとは街頭パーティ、デモ、行列、集会などを行い、彼らの喜び、悲しみ、熱意、怒りを自由に表現することができる。仲間との日常的な直接の会合に加えて、このような公共の場での意思表明は民主主義の重要な前提条件である。

1989年にドイツのライプツィヒで行われた無言の街頭抗議デモは、冷戦終結の重要な端緒になった。1996年から1997年にかけてベルグラードの街頭で毎週月曜日に行われた学生デモは、セルビアにおける民主主義復権の重要な伏線になった。また、1997年から2007年にかけてブエノスアイレスの五月広場で母親たちが毎週火曜日に行った軍事独裁政権に対する無言の抗議は、公共空間における勇敢かつ重要な集会が人びとの未来を切り開くことを示す好例である。

静かな会話から力強いデモ行進まで、都市空間はさまざまな段階で出会いと集会の場所として重要な役割を果たしている。世界の歴史を振り返ると、同様の事例を数多く見いだすことができる。

4.5 自己表現、遊び、運動

新しい時代──新しい活動

人びとが都市空間で自分自身を表現し、遊び、運動するのを促進することは、生き生きした健康的な街をつくるうえで重要な課題である。健康的な街というテーマは新しい課題であり、社会の変化を反映している。

遊び場としての街

子供の遊びは、いつも街の欠かせない一部だった。かつての子供たちは、身内の大人たちが働いていて、彼らの目の届くところで遊んでいた。

ヴェネツィアの街には専用の遊び場がない。街そのものが遊び場である。子供たちは記念碑や階段によじ登り、運河沿いで遊んでいる。遊び友達が近くにいないときは、通行人に向けてサッカーボールを蹴る。子供が歩行者の流れのなかにボールを蹴り込むと、必ず誰かが巧みな足さばきを見せてボールを蹴り返す。そうして何時間も遊びつづけることができる。

近代都市計画は、専用の遊び場を必須項目に加えた。「ここで遊びなさい」。子供の遊びのために特別な場所を用意するという発想が広く受け入れられたのは、専門化と施設化の波が欧米社会を呑み込み、学校と放課後のスケジュールが整備され、両親が忙しくなりすぎたためである。

活動力と創造力

親たちの仕事は忙しくなっているが、一方で彼らは以前より多くの自由時間を手にしており、人生全体を見ると、さらに多くの自由時間を得ている。そして、それが多くの余暇活動と創造的活動に対する欲求と活動力を生みだしている。これらの活動は、公共の都市空間で行われることが多い。現代社会には大量の創造力が解き放たれている。人びとは公共空間で音楽を演奏し、歌い、遊び、運動し、スポーツに参加している。このような現象はかつてなかったものである。

祭り、街頭パーティ、芸術の夕べ、歩行者天国、パレード、水辺のパーティ、スポーツ行事などが着実に増え、多くの人を引きつけている。人びとが自分を表現する活動力と時間を手にしている。

いつまでも健康

高齢者が急増している。それは、歩きやすい都市基盤を必要とする集団が拡大していることを意味している。彼らは肉体活動を好み、長い距離を歩き、ストックを突きながら歩くノルディックウォークに挑戦し、自転車を愛用する。理想は生涯健康を保つことである。

現実は屋内生活
――理想は新鮮な空気と運動

多くの人びとにとって、労働生活のあり方が変化し、仕事自体も勤務場所も交通手段も大きく変化した。今日では仕事の多くが座業中心になり、オフィスはたいてい空調されていて、移動は自動車や電車のなかで座っていることが多い。

仕事は肉体労働が中心で、屋外や家の前で行われ、移動は徒歩か自転車だった時代と比べると、これは劇的な歴史の変化である。

街を改善し、人びとが再び歩いたり自転車に乗ったりする環境を整えるだけでは十分とはいえない。ジョギング用の道や、新鮮な空気と運動への欲求を満たす施設を用意する必要が生じている。

新しい魅力的な遊び場所、そして魅力的な日常の街

このような新しい課題に直面すると、新しく特別なものを求めがちになる。子供やスポーツ愛好者のために、新しい遊具や遊びの施設、各種のスポーツ会館、散歩道、スケート場、斬新なアスレチック公園などが設置されている。歩行者や自転車の場合と同じように、

よい街には遊びと自己表現の機会が組み込まれている。多くの場合、単純な方法が最も説得力がある

固定、柔軟、流動

固定
空間、ファニチュア、配置が適切であれば、街の日常的アクティビティを豊かに誘導する枠組みが生まれる。アクティビティを促進する固定された枠組みは必須の前提条件である(イタリア・シエナのカンポ広場)

柔軟
日常的な枠組みと活動の他に、多くは季節ごとの特別な活動を行うための企画と空間が必要である(グリーンランド・ヌークの氷の彫刻祭り)

流動
都市空間には、路上演奏、朝の体操、パレード、祭り、花火など、時間は短いが重要な活動を受け入れる余地が必要である(北京)

これらの施設についても有効な活用をはかる入念な配慮が必要である。そうすれば健康的な生活を促進し、街のアクティビティに大いに役立つ。

しかし、ここでは人目を引く新しい施設のことはひとまずおいて、本書の本題に戻ろう。一年中いつでも快適に街を歩き、自転車に乗ることのできる環境づくりに焦点をしぼろう。

歩行者と自転車のための街を整備することは、言うまでもなく子供のための環境を改善し、高齢者が街を利用する機会を増やし、街なかの日常的な活動と結びついた運動を促進することでもある。「日常の街」が人びとの活動と滞留に適した場所になれば、創造的活動と文化的活動の機会も強化される。

同じ理由で、良質な街を目指す政策は、日常のありふれた都市空間を重視し、子供、高齢者、運動愛好者の課題と機会を日常の空間のなかに統合していくべきである。

固定、柔軟、流動

都市空間に課された多くの新しい課題、高まりを増す住民の創造力と熱意、新しい欲求に応える機会を実現するための多くの創意工夫──こうした背景のもとで、計画家は特定の年齢層や特定の活動に合わせた多くの空間をつくろうとする。特定の目的に合わせた大規模な公共空間計画を推進し、多くのすぐれた企画を実現することは難しくない。こうして施設が整備され、時間と興味のある人はいつでもそれを利用することができる。

しかし、特定の活動に合わせて特定の空間を用意する政策の代わりに、固定、柔軟、流動の3つの基準に基づく都市政策を採用することも可能である。

固定要素は都市空間であり、それが街のアクティビティにしっかりした日常的枠組みを与える。柔軟要素は特定の目的を持つ一時的な施設や行事であり、夏の港で行われる水泳やカヤック、冬のスケートリンク、クリスマス市、毎年の祭り、巡業サーカス、催事週間などのように、それらは都市空間を舞台に四季折々に繰り広げられる。そして最後の流動要素は、水辺のイベント、花火、広場のコンサート、公園の演芸会、夏至のかがり火など、街なかで行われる多くの小規模な行事である。街頭演奏、街頭劇場、街頭パーティ、詩歌の夕べなどは、最も流動性が高く祝祭性を備えた行事の例といえよう。

人間のための街をつくる都市政策を成功させるには、基礎構造をしっかり「固定」させておかなくてはならない。街に均整のとれた魅力ある都市空間を整備し、柔軟要素や流動要素を含めて、あらゆる種類の活動を喚起する必要がある。

それこそが時代を超えて変わらぬすばらしい街である。

4.6 良質な場所、快適なスケール

良質な場所と快適なスケールを

　日あたりや風除け、照明、ベンチなど、目の高さの街の質を高めるのに必要なさまざまな要素にどれだけ力を注いでも、空間の質、つりあい、規模などが入念に検討されていないと、努力が無駄になってしまう。街で心地よく満たされた体験ができるかどうか。それは、街の構造と空間が人間の身体や感覚と調和しているかどうか、その空間の規模とスケールが適切であるかどうかによって決まってくる。良質な場所と適切な人間的スケールを用意することができなければ、街の質の最も重要な部分が抜け落ちてしまう。

出来事が引きつけられる場所

　良質な場所の重要性については、前節でもたびたび言及した。出来事、交流、会話が起こるのは、立ち止まったり座ったりするのに適した快適で魅力的な場所の近くである。ジャズ楽団にとって最適な演奏場所と最悪の場所の例は、場所によって空間的質と音響的質が大きく異なることを示している。

　街全体でも、街なかの都市空間でも、さらに小さな片隅や窪みでも、空間の相互関係と大きさが、その場所における私たちの体験に決定的な影響を与え、その結果、私たちはある場所では動きまわりたくなり、ある場所ではその場にとどまりたくなる。

街全体のスケールと場所の質

　ギリシアのイドラ、イタリアのポルトフィーノなど、伝統的な街

町全体が人間のスケールと感覚に合っている（ギリシア・イドラ島の海岸遊歩道）

魅力的な場所とすばらしいスケール（山形県銀山温泉）

を訪れると、街全体が人間の身体と感覚にぴったり適合していることに気づく。それらは適度な大きさを持ち、入り江を囲んで半円形に広がっていて、私たちの感覚に合ったスケールを備えている。港の対岸からは街全体を見渡すことができ、近づくと都市空間とさまざまな活動と多くのディテールを見ることができる。その体験は自然で無理がない。

都市空間のスケールと場所の質

　物的にも感覚的にも濃密な調和感を備えた都市空間をつくることは可能である。シエナのカンポ広場やローマのナヴォナ広場に足を踏み入れると、「これがその場所だ。ついにやって来たぞ」という感動を覚える。カミロ・ジッテは、伝統的なイタリア都市の空間的特質を論じた有名な著書（1889年刊）のなかで、視線が漏れださないように都市空間を建物で囲い込むことの重要性に加えて、その場所を使う人びとや機能に合わせて空間の大きさを決めることが大切だと指摘している[注18]。空間の大きさは、居心地の良し悪しを大きく左右し、その空間が人間活動の舞台としてうまく機能するかどうかに決定的な影響を及ぼす。

　伝統的な街を調べると、どの街にも共通した空間比率が見られる。幅が3〜10メートルの通りは、1時間あたり2,400〜7,800人の歩行者流に無理なく対応することができる。広場の大きさには一種の魔法数があり、40×80メートルに近いことが多い。この大きさだと全景を把握することができ、そこを通り抜けていくときに広場そのものと人びとの顔の両方を見ることができる。保養地、アミューズ

第4章 目の高さの街　　171

メントパーク、ショッピングセンターなどにも、しばしば同様の空間比率が見られる。それらの場所では、来場者の快適性と1メートルたりとも無駄にしない商魂が空間の大きさを決定している。

過大で、よそよそしく、拒絶的
——多くの新市街地で

多くの新市街地では状況がまったく異なり、たいていは過大であいまいな空間が生みだされている。建物が大規模化し、多くの自動車が走行したり駐車したりするので、空間も巨大化せざるを得ないのかもしれないが、そのために歩行者の活動と滞留の舞台を犠牲にしてよいという理由はない。そこには人間活動の生じる余地があまりない。すべてが過大でよそよそしく拒絶的である。

緩速と高速のスケールを分けて処理する

時速5キロの建築と時速60キロの建築では要求がまったく異なるので、必然的に異なる種類の空間を分けて扱う必要が出てくる。また、もっと望ましいのは空間を注意深く分節して、それぞれに異なる種類の活動を集め、建物沿いに細やかなスケールを用い、走行車線沿いに高速スケールを用いることである。たとえば歩行者優先街路を整備し、時速5キロの建築にふさわしい機会を提供すれば、歩行者は快適に動きまわることができ、緩速車両もそこを利用することができる。

人間的景観と大規模建物を分けて扱う

巨大な近代建築が都市景観のなかに無頓着に配置され、歩道とのあいだに移行ゾーンも緩和措置もなく、軋轢を生んでいることはすでに指摘した。場所の質と適度な大きさについての原則は、目の高さの街をまとまりのある魅力的なものにすること、そして大規模な建物はそれより高いところに配置することである。

小さなスケールとそれより少し大きなスケールのみごとな相互作用。住宅地区の前のボート小屋（コペンハーゲンのスルーシホルメン）

大きな空間のなかの小さな空間

大きな空間のなかの小さな空間——この原則に従うと、街の大きな空間のなかに小さな空間を組み込んで適切に機能させられることが多い（グアテマラ、スペイン、シンガポールのアーケード、並木道、露店市場）

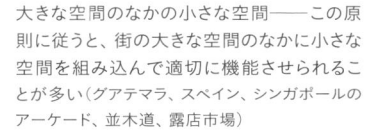

大きな空間のなかの小さな空間

　大きな空間と適度な人間的スケールを両立させるには、大きな空間のなかに小さな空間を組み込む方法もある。古い街や都市空間には、列柱廊やアーケードがよく使われている。列柱廊のなかの歩行者は、外側の大きな都市空間を眺めながら、境界のはっきりした居心地のよい空間を動きまわることができる。並木も、大きな空間のなかに小さな空間をつくるのに利用することができる。そのよい例がバルセロナのランブラス通りであり、そこではキオスクとよく繁った2列の並木が歩行者空間と大きな都市空間を隔てている。広場で開かれる青空市場の屋台、歩道のカフェのパラソルや日除けなどもその例であり、都市空間を小さく見せ、親しみやすく感じさせるのに役立っている。シエナのカンポ広場を取り巻く低い石柱のように、ストリートファニチュアや車止めの短柱も大きな空間のなかに小さな空間をつくる働きをする。

小さなスケールを事後挿入しなければならない場合

このカフェは、低木とパラソルを使って大きすぎる都市空間のなかに使い勝手のよい小さなスケールをつくろうとしている（オーストリアのザンクトベルテン）

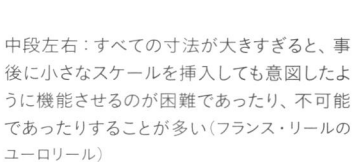

中段左右：すべての寸法が大きすぎると、事後に小さなスケールを挿入しても意図したように機能させるのが困難であったり、不可能であったりすることが多い（フランス・リールのユーロリール）

コペンハーゲンのエアスタッドでは、持ち運べる椅子を使って、小さなスケールの欠如を補おうとしている

174

小さなスケールを事後挿入しなければならない場合

　残念なことに、いまでも新しい市街地がスケール感を無視したまま建設されつづけている。空間が多すぎるうえに過大で、人びとを取り巻く景観はよそよそしく拒絶的であり、まったく使用に適していない。

　いったん被害が生じると、状況改善の効果的な手立てを講じるのがきわめて困難である。建物が完成し、入口の扉が取りつけられ、ストリートファニチュアや備品が据えつけられ、人びとが場所の質や人間的スケールという重要な特質が欠けていることに気づくころには、予算が使い尽くされている。この段階でできるのは、パーゴラ、キオスク、植栽、植樹、日除けの庇、草花、ファニチュアなどを使って空間の大きさを抑え、大きな空間のなかに小さなスケールを事後挿入することだけである。人びとが望む場所に小さくて居心地のよい利用しやすい空間をつくるために最善を尽くさなければならない。それは困難で費用がかかる。そうして得られる結果は、残念ながら、最初から建設計画のなかに場所の質と人間的スケールを組み込んでいた場合に遠く及ばない。

猫が幸せならば……

　大規模事業には多くの問題があるが、小さなスケールでは良質な場所を実現できることが少なくない。時には単純な要素が決定的な違いを生むことがある。木の下のひとつのベンチによっても場所ができる。

　猫を見ていると、良質な場所がどんなものかよくわかる。ある学生が私にそう話してくれた。猫は戸口に出てくると、そこでいったん止まり、まわりをゆっくり確かめ、その後、誰が見ても最善の「場所」に向かって注意深く移動し、優雅に体を丸めてうずくまる。

　「街をつくるときは、常に猫を幸せにすることを考えなさい。そうすれば人びとも幸せになる」。それがこの話の教訓である。

小さな空間と大きな車両（ギリシア・イドラ島）

第4章　目の高さの街

4.7 目の高さに良好な気候条件を

広域気候、地区気候、局所気候

　人びとが座り、歩き、自転車に乗る、その場所の気候条件は、都市空間の快適さと満足に最も大きな影響を及ぼす要因のひとつである。気候条件と過酷な気候からの保護は、広域気候、地区気候、局所気候の3つの段階で考えることができる。広域気候は地域の全般的な気候である。地区気候は街や人工的環境の気候であり、地形、植栽、建物などの影響を受ける。局所気候はごく限られた一定区域の気候であり、ひとつの通り、都市空間の片隅、ベンチのまわりなど、小さな場所の気候がこれに含まれる。

良好な気候条件
——最も重要な条件のひとつ

　良好な気候条件は、人びとが街のなかを気軽に動きまわるための最も重要な条件のひとつである。その条件は立地や場所や季節によって異なったものになる。
　天候はどこでも会話の絶好の題材である。ダブリン、ベルゲン、オークランド、シアトルなど、世界各地で激しい雨や深い霧の写真が絵葉書を飾り、「春夏秋冬、一年中」といった見出しがつけられている。このように絵葉書には、悪天候とそれに対する人びとの先入観を、からかいを込めてテーマにしたものが少なくない。しかし、たいていの地域では一年の大半が快適な気候に恵まれている。私た

好天を楽しむ機会は街の重要な特質である
（アイスランド・レイキャヴィクの夏）

目の高さに良好な気候条件を

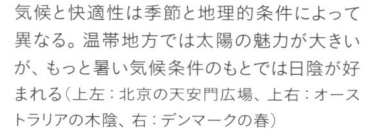

気候と快適性は季節と地理的条件によって異なる。温帯地方では太陽の魅力が大きいが、もっと暑い気候条件のもとでは日陰が好まれる（上左：北京の天安門広場、上右：オーストラリアの木陰、右：デンマークの春）

快感帯

ちは、天気の悪くない日のほうが多いという事実を忘れがちである。天候には逆らえないが、天気がよくなると誰もが笑顔になる。

　スカンジナビアでは、太陽が輝いて風が弱まると人びとの気分が高揚し、挨拶のたびに気持ちのよい天候が話題になる。気温がマイナス10度であろうとプラス25度であろうと、それはあまり関係がないようだ。北欧では、太陽が輝いていて風が穏やかなことが、よい日の条件である。こうした満足感は次のように説明できる。太陽の熱が届き、冷たい風が吹いていなければ、局所気候がすぐに快感帯に達し、寒い日でも人びとが屋外で時を過ごすようになる。スキーヤーはゆっくり休憩をとるとき、風をさえぎるスキー小屋や小山の陰の日だまりを選ぶ。空気は冷たいが、体感温度は快適である。

　気温、湿度、風速冷却、太陽熱など、いくつかの気候因子が快適感を左右する。服装や生理的差異など、個人的因子も影響を及ぼす。

第4章 目の高さの街　177

風が深刻な問題

孤立して立つ高層建造物は、どこでも局地的な強風の問題を引き起こしている。それは風向と風速の両方に影響を与える（ワシントン記念塔下の風の状態）

割合に穏やかな日でも、高層ビル周辺の風の状態は歩行者にとってひどく不快なことが多い（コペンハーゲンの高層ビル前の街路）

　人体の皮下脂肪や循環器系は地域によって異なり、保温や放熱の能力に影響を与えている。これらの差異はそれほど大きなものではないが、快感帯が地理的条件によって異なることを示している。
　本書の議論は、ヨーロッパ北部と中部の気候条件と気候に関連する文化的特徴に基づいている。しかし、北米、アジア、オーストラリアの大半の地域も、似通った温和な気候条件を備えている
　日射しが強いときでも、私たちは断熱着なしで快適に過ごせることが多い。日射しが弱ければセーターが必要になる。太陽熱と寒風の均衡が崩れ、やや肌寒い局地気候が生じても、歩いたり走ったり自転車をこいだりすれば、快適でいることができる。スカンジナビアでは、長く暗い冬が過ぎて春になると、活動的な春の遊びをするために大勢の子供たちが屋外に出てくる。子供たちは跳ねまわり、縄跳びをし、ボール遊びやスケート、スケートボードに興じる。日

だまりでは快適に座っていることができるが、広々した場所では動きまわっていないと寒くなる。

高い建物のそばでは風が深刻な問題である

同じ条件下でも、広域気候、地区気候、局所気候のあいだには大きな違いがある。広々とした場所を強い寒風が吹き抜けているときでも、風がさえぎられ、少しでも日射しがあれば、都市空間や公園の地区気候は十分に快適である。

気候条件が適度な快感帯に収まっていれば、人びとは寒さを感じないで暖かくしていることができる。建物のあいだでは、風によって体温が奪われないようにすることが、こうした条件を保つうえで重要である。

広々とした場所は風が自由に吹き抜ける。しかし、地形や造園によって障害物を設けると、風速を抑えることができる。地形に沿って多くの木立があり、低層の建物が寄り集まっていると、風速が急激に弱まる。この組み合わせは強力な風除けになることが多く、強い寒風は建物の上を吹き抜け、建物のあいだではほとんど風を感じない。

地形に沿った障害物は、風の力を抑えるのに不可欠である。地表が滑らかだと風が自由に暴れまわる。それとは対照的に、森のなかや木立と低層建物が多い街のように地表が「でこぼこ」だと、風速が劇的に下がり、冷却効果が大幅に抑えられる。

離れて立つ高層の建物はまったく逆の効果を生む。高層建物は上空の風速30〜40メートルの強風を捉え、気圧の差が複雑に影響しあって、まわりの4倍近い強さの突風を建物の足もとに吹きおろす。そのため高層建物の近くの気候はまわりよりはるかに寒くなり、植物の生育条件を極端に悪化させる。それは人間にとっても過酷な条件である［注19］。

気候に順応した建物

伝統的な建物は、気候の望ましくない影響を抑え、望ましい側面を活用するために、地区気候の条件に適合したデザインを注意深く採用してきた。

日射しが強く気温の高い国々では、日陰をつくる狭い街路によって街が構成され、建物は壁が厚く、開口部が小さい。

もっと寒い気候条件のもとでは、別の戦略が必要である。スカンジナビアでは太陽が低く、大西洋から吹く卓越風が陸地に暖かい空気を運んでくる。それが、この地域に人が住み、農業を営むことのできる理由のひとつである。

この地域の古い街は、低い太陽高度と絶え間なく吹く風に注意深く順応している。建物の多くは傾斜屋根を載せた2・3階建てで、密集している。街路、広場、庭は小さく、建物のあいだに植えられた多くの樹木が日除けと風除けになっている。

こうすると風が街の上を通過し、街路や庭にはほとんど風が来な

気候に順応した建物と気候を無視した建物

上：スカンジナビアの古い街に見られる低層の建物は、この地方の気候のもとでは明らかに機能的である。寒風は屋根の上を通過し、太陽が壁と路面を暖める。こうした条件によって、あたかも気候が何百キロも南に移動したかのように感じられる（デンマークのグーディエム）
下：独立した高層建物は風を強め、地表に乱気流を発生させる。建物のあいだは風が強く寒い。砂場は、砂が吹き飛ばされないように柵で囲わなければならない。目の高さの気候は、何百キロも北に移動したように感じられる（スウェーデン・ランズクローナの高層住宅団地）

気候を無視した建物

い。建物が低く、屋根が傾斜していると、建物のあいだに日射しが届き、石壁と石畳を暖めるので、小さな都市空間の局所気候はまわりの広々した場所よりずっと快適である。

　これらの街では地区気候が1,000キロも南に移動していて、イチジク、葡萄、椰子など、このような北国では普通は育たない植物を目にすることができる。屋外で快適に過ごすことのできる年間通算時間も、これらの伝統的な街では地域平均の2倍に達している[注20]。

　既に指摘したように、人びとが屋外で長い時間を過ごせば街が生き生きする。スカンジナビアの古い街では、地区気候への注意深い配慮のおかげで、屋外生活に最適な条件が生みだされている。

　気候条件は、街の質、満足度、快適性に決定的な影響を与える。しかし、残念なことに、多くの都市計画は都市空間における自然気候の質を向上させることに関心を払っていない。

多くの温暖な地域で、広い道路網、アスファルト舗装の駐車場、硬い仕上げの屋根が、ただでさえ高い気温を耐えがたいまでに上昇させている。しかし、樹木や芝生を増やし、屋上緑化や透水性舗装を導入すれば、気温を下げることができる。一方、寒冷で風の強い地域では高層建物が次々に建設され、建物のまわりの風速を上げ、体感温度を下げ、屋外での滞留を事実上不可能にしている。

ヴェネツィア、アムステルダム、ロッテルダムの雨傘

アイルランド、イングランド、スコットランド、アイスランド、ノルウェー西部、デンマークなど、大西洋と北海沿岸のヨーロッパ諸国、そして英仏海峡沿岸のフランスやオランダの海岸地方では、絶えず海から風が吹いている。ヨーロッパの他の地域では、風はそれほど大きな存在ではない。

ヴェネツィアの歩行者は、雨を避けるために雨傘を使っている。そこでは雨はほぼ垂直に降る。ロッテルダムは第二次世界大戦で大きな被害を受け、再建された。都心には高層ビルが建ち並び、地区気候はその影響を受けている。そこでは、高層ビルの影響でさまざまな方向から強風が街路を吹き抜けるので、雨がしばしば水平に降る。風の強い雨の日、歩行者は風向きに合わせて傘を操らなくてはならない。ロッテルダムの人たちは、傘で身を守るのではなく身をもって傘を守っている。アムステルダムは適切な都市構造を持っているので、気候条件がずっと穏やかである。ここでも風は吹いているが、都心の上空を吹き過ぎていき、都市生活の場は良好な条件が保たれている。

世界中どこでも、都市環境への好ましくない影響を避けるため、その場所の条件に合わせて建物を建てる必要がある。

風が強まり
日射しが減るのはごめんだ！
──サンフランシスコの例

サンフランシスコは太平洋岸に位置しているため、内陸に比べて気温が低く、風が強い。季節のよい時期でも、都市空間での屋外活動は日射しと風除けの状態に大きく左右される。両方の条件に恵まれていれば、サンフランシスコは歩くのにも時を過ごすのにも絶好の街である。

1980年代前半、高層ビル建設を大幅に緩和する都心計画が立案された。提案された超高層ビルの多くは主要な街路や広場に大きな影を落とし、風を強めるものだった。その一例が中華街の開発である。

そこで、カリフォルニア大学バークリー校のピーター・ボッセルマン教授を中心に、多くの学生と研究者が参加して、日射しと風除けがサンフランシスコの都市生活に重要な役割を果たしていることを明らかにする一連の調査研究が実施された。彼らは多くの模型実験を行い、新しい都市計画が街の重要な地区に影を落とし、強風を呼び込むことを実証した。また、問題をわかりやすく説明するために記録映画が作成された。その題名『私が経験した最も寒い冬はサンフランシスコの夏』は、マーク・トウェインの有名な言葉を借り

たものである［注21］。街の質と気候と新しい超高層ビルをめぐって地元で熱い議論が交わされ、街の日射しが減り風が強まることを望むか否かを問う住民投票が行われた。結果は言うまでもなく、政策を支持する票が半数に届かなかった。1985年に採択された新しい都市計画には、重要な都市空間の近くで行われる新規開発が気候条件を悪化させてはならないとする条項が盛り込まれた。新しい建物は低層にするか、高層の場合は上部を階段状に後退させて、街路に日射しが届くようにすることが義務づけられた。また、風洞実験を行い、新しい建物が風害を起こさないことを立証することも要求された。

こうした新しい規制によって、1985年以降、サンフランシスコ都心の規制区域では超高層ビルの建設が実質的に不可能になった。サンフランシスコの例に見るように、高い密度の開発を行っても、新しい建物周辺の気候条件を維持することは可能である［注22］。

新都市での入念な気候計画　　サンフランシスコの原則と経験は、既成市街地の新開発だけでなく新市街地を計画するのにも活用できる。それには地域ごとに入念な調査を行い、街の快適性と屋外滞留に影響を及ぼす気候因子を明らかにする必要がある。新しい建物は、まわりの都市空間の気候条件の改善に寄与するものでなければならない。

徒歩と自転車利用を促進する街をつくり、生き生きした魅力的な市街地を開発するうえで、建物のあいだの気候条件は最も大切な重点領域のひとつである。建物を建てるときには、必ず入念な気候計画を立案する必要がある。

最小規模での入念な気候計画　　都市計画や開発計画全体のなかで気候条件に対する配慮が十分でなくても、局所気候を改善することは可能である。特に人びとの滞留を促進すべき場所では、局所気候がとりわけ重要な役割を果たす。

風除けが必要な場所では、造園、生垣、塀などが効果を発揮する。世界各地で多くの新機軸や独創的工夫が導入されている。特に野外カフェで営業期間を延ばすために考えられた工夫は参考になる。カフェの席ができるだけ長い時間、また長い期間、客で埋まるようにできれば売り上げが大きく向上する。

ノルウェーの首都オスロは北緯60度の寒冷地にあり、年間を通して野外カフェの席を埋めるための工夫と配慮を調査するのに最適な場所である。

オスロの野外カフェはガラス壁で囲まれ、庇で覆われ、赤外線ランプ、電気ヒーター、床暖房などが施されている。また、椅子は暖かく座れるものが注意深く選ばれている。座席にはクッションと毛布が用意され、客がそれで背中と脚を包み、各自の局所気候を完璧に守れるように配慮している。風が強く天気が悪くても、人びとはこれらのカフェで長い時間を過ごすことができる。

すべての段階での入念な気候計画

当然のことだが、広域気候も地区気候も、高温、温暖、寒冷など、それぞれの地域の条件をこれまで以上に注意深く配慮して扱う必要がある。そうすれば、さまざまな段階の計画で大きな収穫を得られるにちがいない。局所気候は、個々の人間の身近な環境に影響を及ぼすものだが、そこでも同様の配慮が大きな成果を生むだろう。

街に歩行者と自転車を引きつけたいと心から望むのであれば、また人びとが街で時を過ごすことを本当に望むのであれば、目の高さの局所気候を最適なものにする必要がある。そのためにできることはたくさんある。それは大きな投資を必要とするものではないが、必要な条件を的確に把握し、十分な配慮を払うことが必要とされる。

1960年代には、スカンジナビア諸国で野外カフェの営業が可能だとは誰も考えなかっただろう。現在では年間10〜12か月も野外カフェが開業している。新しい要求と気候条件に対する理解の深まりによって、快適性が向上し、屋外で時を過ごす期間が長くなっている(毛布とクッションを備えた11月のコペンハーゲン風景)

風除け、庇、赤外線ヒーター、椅子に用意されたクッションのおかげで、冬でも満足できる局所気候がつくりだされている(ノルウェー・オスロの歩道カフェ)

第4章 目の高さの街　183

4.8 美しい街、すてきな体験

都市のすべての要素に
視覚的質への配慮を

　目の高さで見るとき、よい街は、歩き、時を過ごし、出会い、表現する機会を私たちに提供してくれる。そこには適切なスケールと快適な気候条件が備わっていなければならない。これらの望ましい目標と質的条件に共通しているのは、その大部分が物的かつ実用的な性質を持っている点である。

　これに対して、街の視覚的な質はもっと総合的なものである。それは、多くの場合、個々の要素のデザインとディテール、そしてそれらの要素の調和によって決まってくる。視覚的な質は、全体の視覚的表現、美的外観、デザイン、建築などを包括するものである。

　実用的要求に十分に応えて都市空間を設計しても、ディテール、材料、色彩などがばらばらに組み合わされていたら、視覚的な調和は失われてしまう。それとは逆に、美学を重視し、機能的側面を無視して都市空間をデザインすることもできる。空間が美しく、ディテールが入念に設計されていることは、それ自体が重要な特質だが、人びとの滞留を支える安全、気候、機会などの基本的条件が満たされていなければ、とても十分とはいえない。

　都市空間にとって大切なさまざまな側面を注意深く組み込んで、誰もが満足できる統一的な場をつくる必要がある。

デザインと中身が統一されていると満足すべき結果が得られる（オレゴン州ポートランドのパイオニアコートハウス広場）

イタリア・シエナのカンポ広場では、機能的特質と空間的特質の相互作用がきわめて巧みに処理されている。それが、この広場が700年にわたって出会いの場所でありつづけてきた理由のひとつである

100パーセントの場所

　100パーセントの場所という概念は、ウィリアム・H・ホワイトが著書『都市という劇場』（1988年）のなかで提示したものである［注23］。その名が示すとおり、100パーセントの場所は都市空間にとって重要な特質をすべて備えた空間であり場所である。そこでは利用者の要望に対する実用的配慮が、細部と全体に対する配慮と分かちがたく一体化している。誰もがそこにいたいと望む場所である。

　世界的に有名なシエナのカンポ広場がこれほど有名になったのは、この都市空間がさまざまな特質のたぐいまれな融合を実現しているからにちがいない。機能的にも実用的にも必要なものがすべて備わっている。そう納得させられる。ここでは安全かつ快適に歩き、立ち止まり、座り、耳を傾け、語りあうことができる。また、すべての要素が溶けあって確かな建築的統一体をつくっており、各要素の均衡、材質、色彩、ディテールが互いの空間的特質を強め、豊かにしている。カンポ広場は、700年にわたってシエナの中央広場の役割を十分に果たし、そしていまも果たしつづけている。実用性に富むと同時に、とても美しい都市空間である。その人間的次元への配慮はいまも古びていない。

場所の楽しさを表現する

　個々の空間やディテールの扱いも大切だが、都市空間を敷地が持っている特質を高めるようにデザインすることによって、大きく質が改善されることが多い。都市空間を水面や波止場と直結させ、公園や花や庭園とのふれあいを確保し、その場所の気候条件に合わせて空間の形を決めることによって、新しい魅力的な組み合わせが生みだされる。

　地形や高低差も価値を高める好機を提供してくれる。高さに変化があると、歩行者は平坦なところを歩いているときよりも豊かな体験を得ることができる。新しい眺めや体験が突然現れる。サンフラ

第4章 目の高さの街　185

都市空間のなかの芸術：メルボルンの事例

都市空間を現代芸術の美術館にすることが、メルボルンが採用した芸術政策の目標のひとつであった。常設展示の作品だけでなく、インスタレーションや仮設作品が都市景観を彩っている。特に裏通りにその特色が現れている

光の芸術は、メルボルンの芸術政策全体の重要な要素である

ンシスコの街路はこの種の可能性に満ちている。しかし、もっと小さな高低差でも目の高さのドラマを生むことができる。魅力ある事物の眺めも遠近を問わず都市空間を豊かにする。湖、海、風景の眺め、また遠い山並みの眺望は、都市空間の質を高める貴重な要素である。

美的な質——すべての感覚にとって

視覚的要素や美的要素を扱う作業には固有の可能性が備わっている。美しい空間、入念に計画されたディテール、本物の材料は、それだけでも街を歩く人びとに貴重な体験を提供する。さらに、街が持っている他のさまざまな特質に貴重な深みを与える役割を果たす。

特別な視覚的体験を与えるように広場や街路をデザインすることもできる。そこでは空間のデザインとディテールがきわめて重要な役割を果たす。また、したたり落ちる水、霧、蒸気、芳香、音響効

果などを使って他の感覚に働きかけることによって、視覚的体験を拡張し強化することができる。このような空間では、街のアクティビティより感覚が受ける印象の混成物が魅力の中心をなしている。

都市空間のなかの芸術

　芸術は、記念碑、彫刻、噴水、建物のディテールや装飾など、昔から、さまざまな形で都市空間の質を高めるのに貴重な貢献を果たしてきた。芸術は、人びとに美、壮麗、重要な出来事の記憶を伝え、社会の営み、同胞、都市生活を物語り、驚きや笑いを与える。いまも都市空間は、芸術と人間が交流する重要な舞台になり得る。

　メルボルンの中心街では、近年、芸術政策と都市空間政策を統合した試みがめざましい成果を挙げている。その目標は、街の公共空間を現代芸術の総合美術館にして、メルボルン市民が、さまざまな分野から慎重に選ばれ、適切に配置された現代芸術作品と街なかで出会えるようにすることだった。展示作品が最新の流れを反映し、豊かな体験をはぐくむように、芸術政策は3つの柱を掲げている。作品の3つの柱は常設展示作品、仮設作品、インスタレーション作品であり、さらに芸術センターが市民に幅広い芸術との交流機会を提供している。特に子供たちに応答型の芸術体験機会を与えることが重視され、「街で目にしているものについてもっと詳しく知ろう」が基本方針に掲げられている。

　市がインスタレーションと仮設作品に重点を置いているため、街には魅力的な体験と意外性があふれている。いろいろな芸術家が、数か月間ずつ交代であちこちの裏通りやアーケードを使い、空間を熱狂や空想や諧謔で満たしていく。それが終わると、また別の芸術家が別の通路を作品で飾る。街には絶えず新しい作品があり、多くの驚きと諧謔に満ちた表現が、その場所、街、現代生活などを新しい目で見直す契機を与えてくれる。

美しい街は緑の街である。メルボルンの中心街では毎年500本の植樹が行われている（1995年と2010年のスワンストン通り）

美しい街——緑の街

　樹木、植栽、花々は、都市空間を構成する要素のなかでも特に重要な役割を果たす。木立は暑い夏に木陰をつくり、空気を冷却・浄化し、都市空間を縁どり、重要な場所を目立たせるのに役立つ。広場の大きな木は「ここは特別な場所だ」という合図を送っている。大通りに沿った並木は線状の連なりを強調し、通りに張りだした木の枝は街に緑の空間があることを暗示している。

　緑の要素は街の美的特質を高める直接効果を持つだけでなく、象徴的な価値も持っている。緑の存在は、気晴らし、瞑想、美、持続可能性、自然の多様性などのメッセージを伝えてくれる。

　長年のあいだ、多くの木が道路建設のために切り倒され、生育条件の悪化や環境汚染によって枯死してきたが、最近は各地で街の緑が見直され、復活してきている。街のアクティビティと自転車利用の環境を改善する取り組みが、しばしば植樹や緑地の拡張といっしょに進められている。メルボルンでは都市再生政策の一環として、1995年から街路沿いに毎年500本の植樹をしている。ニューヨークは2008年に採択された計画に基づいて、街なかの公共空間に100万本の樹木を植えることを目指している[注24]。同市は持続可能な緑の大都市を目標像に掲げている。緑の要素の増加は、この都市像を強化するとともに都市の質を高めるのに大きく貢献する。

美しい街——夜も

　都市空間の照明は、暗くなってからの道探し、安全、視覚的印象などに大きな影響を与える。

　照明に関する政策は世界各地でさまざまに異なっている。極端なのが米国で、そこでは多くの都市が、自動車のライトが夜を明るくするという口実で街路照明を廃止した。言うまでもなく、これらの街は車が通っていないときは墓場のように暗く、日没後に人びとを街に引きつけるものがほとんどない。照明を採用している都市でも方針はさまざまである。多くの都市は実用的かつ機能的な方法をとっている。都市の建設・拡張の時期によって照明方針が変化していることが多いので、照明装置の種類や照明の色に統一感がなく、夜になると雑多で視覚的に無秩序な都市景観が出現する。

　照明は街の質を左右するだけでなく、独立した芸術的表現手段としても可能性を持っている。この点を理解して、きわめて意識の高い照明政策をとっている都市もある。メルボルンでは、総合的な芸術政策プログラム「芸術としての光」の一環に都市照明を組み込んでいる。

　フランスのリヨンも、入念な芸術的照明政策を採用し、照明装置と色彩の両方を考慮している都市の好例である。

　都市空間のレベルでも、夜の空間の視覚的質を高める貴重な新しい取り組みが見られる。オーストリアのザンクトペルテン市庁舎広場（1995〜97年）はその好例であり、間接的な反射光を用い、季節

照明は、多くの都市で芸術的施策の目玉になっている。その先駆的な取り組みは1990年代にリヨンで行われた（フランス・リヨンのレピュブリック街）

水、霧、蒸気、素材、色彩、表面、光、音を
さまざまに組み合わせることによって、都市
空間の季節ごとの印象を魅力的かつ多彩に
演出することができる

や広場で開かれる行事に合わせて変化する照明装置を採用している。

最後だが些細ではない

　歩行者にとって必要な街の質とは何か。その判断基準を示す12の
キーワードを本書247ページの一覧表にまとめてある。良好な感覚
体験は12番目にあげられている。これが一覧表の最後にあるのは、
視覚的質が包括概念であり、都市景観を構成するすべての要素を含
んでいるためである。視覚的質が単独で街の質を支えることはでき
ず、12の基準が一体になって初めて目の高さの街がすばらしいもの
になる。12番目の位置づけには、この事実をはっきり示す意図もある。
　街が正常に機能し、人びとを引きつけ楽しませるためには、どの
ような場合でも、物的側面、実用的側面、心理的側面を十分に整え
ることが必要であり、そのうえで視覚的質を満たして全体の質をさ
らに高めるべきである。この関係を強調しておきたい。なぜなら、
視覚的側面ですぐれた結果を出しながら、実用的な質を無視してい
るプロジェクトが多いからである。
　世界各地の街や都市空間で、視覚的配慮と美的配慮ばかりが突出
したデザインを目にする。これらの都市開発事業や都市空間は建築
雑誌の写真では見映えがするが、公共空間における人間とアクティ
ビティへの必要不可欠な配慮が抜け落ちているので、その都市空間
が現実世界で役立つことはほとんどない。街の質をはかる12の判断
基準は、いつでも併せて考慮しなければならない。

4.9 自転車利用に適した街

自転車は街のアクティビティの一部

　自転車は歩行交通とは形態が異なり、速度も違うが、感覚体験、アクティビティ、動きの面で、街のアクティビティの一部をなしている。生き生きした安全で持続可能で健康的な街を推進するうえで、自転車利用者はもちろん歓迎すべき仲間である。本節では自転車利用に適した街の計画を論じるが、範囲を限定して、人間に身近な規模の都市計画に直接関連する話題だけを扱うことにしたい。

自転車利用に適した都市は多いが、すぐれた自転車都市はごくわずか

　世界を見渡すと、自転車や自転車交通に不向きだと思われる都市が数多くある。自転車を利用するには寒すぎ、凍結して危険な地域があり、暑すぎる地域がある。急峻で坂が多い場所もある。こうした状況のもとで自転車交通を選択するのは非現実的に思える。しかし、サンフランシスコのような常識破りの例外もある。この街は丘が多く、自転車利用に向いてなさそうだが、強固で熱心な自転車文化を持っている。多くの酷寒の街や熱暑の街でも自転車利用が盛んである。考えてみれば、これらの街でも一年のうちには自転車利用に適した日がたくさんある。

　世界各地の多くの都市が、自転車交通に適した都市構造、地形、気候に恵まれている。しかし、多くの都市が長年にわたって自動車交通を優先する交通政策に多額の予算をつぎ込み、自転車交通を危険にさらし、時にはまったく不可能にしてきた。自動車交通が街を支配し、自転車交通の芽を摘んでいる都市もある。

　多くの都市で、自転車交通はいまだに政治家の甘言でしかない。自転車交通の基盤整備といっても、ところどころに断片的に設けられた自転車専用路が大半で、本気で取り組んだ役に立つ事例はほとんどない。自転車利用の促進はまだまだ不十分である。これらの都市では、通勤・通学の自転車利用率は1〜2パーセントにすぎず、自転車利用者のほとんどはスポーツバイクに乗った若い運動愛好者である。こうした状況は、コペンハーゲンのような熱心な自転車都市と大きな開きがある。コペンハーゲンでは通勤・通学の37パーセントが自転車を利用している。この街の自転車交通は安定しており、自転車は乗り心地がよく、自転車利用者の大半が女性で、小学生から高齢者まで幅広い年代の人たちが自転車に乗っている。

自転車は街のアクティビティの一部

街を行き交う自転車は街のアクティビティの一部である。また、自転車利用者は簡単に歩行者に切り替わることができる

化石燃料の枯渇、環境汚染、気候問題、健康問題が地球規模の緊急課題になっている。このような時代にあっては、自転車交通をこれまで以上に重視することが必要不可欠である。私たちは自転車利用に適した街を必要としている。そして、世界各地の多くの都市が、簡単かつ安価に自転車交通を改善できる可能性を持っている。

本腰を入れた自転車政策

　ここ数十年のあいだに、いくつかの都市が自転車交通の促進に成果を挙げた。これらの都市から、自転車に適した街づくりの工夫と条件を学ぶことができる。コペンハーゲンは自転車利用の長い伝統を持っていたが、1950年代から60年代にかけて自動車交通が発達すると、その伝統が崩れそうになった。しかし、1970年代の石油危機を契機に自転車利用を復活させる重点対策がとられ、その働きかけが市民にも浸透していった。現在では自転車が都市交通の重要な一翼を担っており、西欧の他の大都市に比べて自動車交通の比率が格段に低い。そこで、これから自転車に適した街のあり方を検討していくのに、コペンハーゲンの経験を踏まえて議論を進めたい。

戸口を結ぶ自転車路網

　コペンハーゲンでは、長い時間をかけて街のすべての場所を結ぶ緊密な自転車路網を少しずつ建設してきた。狭い静かな裏通りや住宅地の街路では自動車の走行速度が時速15〜30キロに制限されている。これらの通りには特別な対応をしていないが、大通りにはすべて自転車路網が整備されている。多くの街路では歩道沿いに自転車専用路が設けられ、歩道および駐車帯や車道との境界を縁石で仕切っている。一部の場所では縁石を使わず、駐車帯の内側にペンキで線を引いて自転車レーンにしている。こうすると駐車している自動車が走行している自動車から自転車を守る防波堤の役目を果たす。このやり方は「コペンハーゲン式自転車レーン」と呼ばれている。

第4章 目の高さの街　191

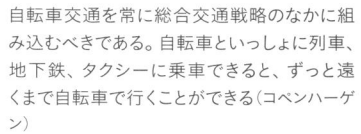

自転車と総合交通政策：コペンハーゲンの事例

自転車交通を常に総合交通戦略のなかに組み込むべきである。自転車といっしょに列車、地下鉄、タクシーに乗車できると、ずっと遠くまで自転車で行くことができる（コペンハーゲン）

同市の自転車路網には、他に「緑の自転車路」と呼ばれるものがある。これは公園のなかや鉄道跡を利用した自転車路で、自転車を移動手段としてだけでなく、健康増進機会、観光手段、自然体験手段として活用する目的を持っている。しかし、自転車政策の根本方針は一般街路に自転車利用者のための場所をつくり、彼らが自動車利用者と同じように商店や住宅やオフィスで用事を足せるようにすることである。つまり、自転車交通が街のどこででも戸口と戸口を安全に結べるようにすることである。

　こうした総合的な自転車路網を整備するための空間は、ほとんどが自動車交通を抑制することによって生みだされた。交通利用が自動車から自転車に切り替わり、自転車のための空間需要が増えるのに合わせて、駐車場と自動車車線が少しずつ縮小されてきた。市街地内の主要な4車線街路の大半が2車線化され、両側に自転車レーンと歩道が設けられ、街路を横断する歩行者の安全を高めるために中央分離帯が拡幅された。また、歩道には街路樹が植えられ、車両は従来どおり対面通行とされた。

　自転車路は歩道沿いに置かれ、自動車と同じ方向に走行する。デンマークでは車両が右側通行なので、自転車は車道の最も右側、車両交通の「緩速」側を走ることになる。こうすると自動車にも歩行者にも自転車がどこにいるのかはっきりわかるので、安全性が高まる。

自転車：総合交通対策の一環

　自転車利用の促進は、自転車交通を総合交通戦略の一環に組み込んで進めなければならない。列車や地下鉄、できれば路線バスにも自転車を持って乗車でき、自転車と公共交通を乗り継いで旅行できることが必要である。タクシーも、客の求めに応じて自転車を運ぶことができなければならない。

　総合交通政策の一環としてもうひとつ重要なのは、鉄道駅や交通センターに必ず自転車駐輪場を設けることである。もちろん一般街路、学校、オフィス、住宅地にも適切な駐輪施設が必要である。新しいオフィスや工場には、駐輪場だけでなく、自転車利用者のための更衣室とシャワーを標準仕様で設置すべきである。

安全な自転車路網を

　自転車戦略にとって必要不可欠なのは交通安全である。密度の高い自転車路網を整備し、それを縁石や駐車した自動車で保護するのは、重要な第一歩である。また、交差点での安全向上にも十分に配慮しなければならない。コペンハーゲンではいくつかの戦略を採用している。大きな交差点には、青いアスファルトで舗装した特別な自転車レーンを設け、自転車マークを表示して、自動車運転者に自転車への注意を喚起している。また、交差点には自転車用信号機が設置されていて、多くの場合、自動車用より6秒早く青になる。トラックとバスには自転車用バックミラーの設置が義務づけられてお

自転車の数が増えると自転車利用者の安全が高まる

事故の危険性と実際の事故数は、どちらも自転車利用者が増えると急激に低下する。多くの自転車が路上を走っていると、自動車の運転者は自転車交通にそれだけ注意を払うようになる

右：1996〜2008年における自転車利用の増加と事故の減少を示すグラフ（コペンハーゲン）［注25］

■ 平日における自転車走行距離
（指数 100 = 930,000 km）

■ 自転車レーンと「緑の自転車路」の総延長（指数 100 = 323 km）

■ 自転車利用者の死亡・重傷事故数
（指数 100 = 252人／年）

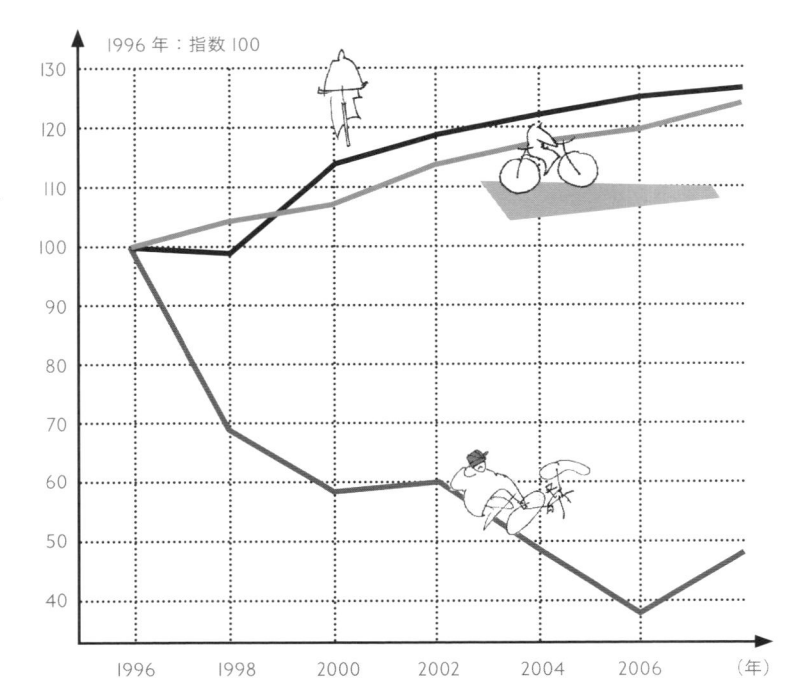

り、テレビや新聞を通じて、自転車への注意、特に交差点での注意を自動車運転者に呼びかけている。

自転車利用の促進に熱心な都市は、交差点での視認性向上がきわめて重要であることを認識している。デンマークでは交差点から10メートル以内は駐車禁止になっているが、それはこの理由による。

米国では交差点で「赤信号での右折」を認めているが、徒歩と自転車利用の促進をはかっている都市にとっては信じがたいことである。

自転車の場合も数が安全につながる

自転車の交通体系を安全なものにするうえで、最も重要な安全因子のひとつが自転車の交通量である。自転車の数が増えれば、自動車運転者が常に自転車を意識し、注意を払うようになる。自転車交通が一定の「臨界量」を超えると前向きの効果が顕著に現れる。

快適な自転車路網

自転車路網には満足と快適性の観点も必要である。自転車での移動は、楽しく興味深く、不必要な苛立ちのないものにも、退屈でつらいものにもなり得る。歩くのに適した街にあてはまる評価基準は、自転車路にも適用することができる。

自転車を快適に運転するには、追突したり渋滞したりしないだけの十分な空間が必要である。コペンハーゲンの自転車路の幅員は現状が1.7〜4メートル、推奨最低幅員が2.5メートルである。

自転車交通が次第に発達し、多くの人びとが多目的に利用するようになると、幅の広い新型自転車が数多く街路に登場するようになっ

最近、コペンハーゲンでは自転車レーンの混雑を解消するため、主要な自転車レーンの拡幅が行われた

た。たとえば、子供や荷物を運ぶための三輪自転車、身障者用自転車、自転車タクシーなどがそれである。これらは普通の自転車より広い空間を必要とする。また、高齢の自転車利用者や自転車に子供を乗せた親は、一般の自転車利用者より追突や渋滞を避ける気持ちが強い。自動車に代わる交通手段として自転車交通が発達すればするほど、より多くの空間が必要になる。しかし、空間需要が増えたといっても、1人が占有する街路面積は自動車に比べてはるかに小さいので、自転車がすぐれた車両交通手段であることに変わりはない。

コペンハーゲンで2005年に行われた調査では、市が抱える最も差し迫った問題のひとつに自転車路の混雑が挙げられていた。その後、市議会が自転車路の拡幅計画を採択し、現在、工事が進められている [注26]。走行が頻繁に中断されると、いらだちがつのり、自転車移動のリズムが崩れる。コペンハーゲンでは、この問題を軽減するため長年をかけていくつかの解決策を導入してきた。狭い脇道と交差するときは自転車路が優先されていることが多く、その結果、自転車走行の中断が減り、自動車は一旦停止を徹底するようになった。また、いくつかの街路で自転車に「緑の波」方式を導入したことも、いらだたしい停車を減らす効果を挙げている。この方式は、自転車の流れが時速約20キロを保っているとき、交差点で停止しないで走りつづけられるように信号を調整するもので、混雑時間帯に街を往来する自転車に適用される。もともとは自動車向けに開発された方式だった。もうひとつ自転車利用者の快適性と安全を確保するために行われているのは除雪である。コペンハーゲンでは自転車優先の姿勢を明確にして、車道より先に自転車レーンの除雪を行い、季節にかかわりなく自転車利用の促進を図っている。

自転車都市とシティバイク

近年、多くの都市がさまざまな種類のシティバイクを導入している。これらは無料の都市と有料の都市があり、どちらの場合も専用の駐輪スタンドや駐輪場から借りだすことができる。この方式は、街での短距離移動に自転車を使いやすくし、自転車交通を拡充する目的を持っている。一種の共同自転車なので、個人が自家用の自転車を買い、保管し、修理する必要がない。

アムステルダムでは1970年代に「白自転車」と呼ばれる自転車共用方式が導入されたが、すぐに姿を消してしまった。その教訓を踏まえて、1990年代にもっと組織的な安定した方式が確立された。コペンハーゲンはその一例であり、現在、都心部110か所の自転車ステーションに2,000台のシティバイクが配置されている。これらは広告を財源にしており、無料で利用することができる。シティバイクを借りだすときは、保証金の20クローネ硬貨を自転車に備えつけの投入口に入れる必要があるが、専用ステーションのどれかに自転車を戻すと自動的に硬貨が返ってくる。シティバイクの主な利

第4章 目の高さの街

快適なネットワーク

適切な広さの自転車路、縁石による保護、交差点の自転車用横断路、自動車用より6秒早く青になる自転車用信号、自転車が交差点で停止しないで走りつづけられる「緑の波」──これらの要素が一体になって、コペンハーゲンの自転車政策の大きな成功を支えている（下段中央の標識に見えるGrøn bølgeは「緑の波」の意）
上左：降雪時には車道より前に自転車路が除雪される

　用者は観光客で、彼らは整備の行き届いた自転車路網を使い、簡単かつ安全に街を見てまわることができる。市民は自分専用の自転車を持つほうが好きなので、シティバイクをほとんど利用しない。整備された安全な自転車環境を活かして、不慣れな来訪者でも自転車で街を回れるようにする。それがコペンハーゲンのシティバイクの根本方針である。

　これまでにヨーロッパの多くの都市がシティバイクを導入してきた。パリもそうした都市のひとつだが、コペンハーゲンとは異なる使い方をしている。パリのシティバイクはヴェリブ（フランス語の「自転車」と「自由」を合成した造語）と呼ばれており、利用者はパリ市民が中心である。ヴェリブは有料で時間、週、年単位で借りることができ、利用者は保管や修理の手間をかけないですむ。運営会社は、自転車の賃貸料収入を管理経費に充てている。

無料・有料を問わず、新しい貸し自転車方式が急速に広まっている（フランス・リヨン）

パリのヴェリブは2008年に拡充され、1,500か所の自転車ステーションに2万台のレンタサイクルが配置された。ヴェリブの自転車は、短期間で広く利用されるようになった。主に短距離移動が中心で、利用平均時間は18分である。その基本方針は、整備が十分でない安全性の低い自転車路網で、土地勘を持った経験豊かな人たちが利用することを想定している。ときどき事故が起こっているが、この計画が契機になってパリ市民の自転車利用が促進されたことは貴重な成果である。そこにはレンタサイクルだけでなく自家用自転車も含まれている。自家用自転車を使った移動数がたった1年で倍増しており、その増加は明らかにヴェリブが生みだした新しい自転車交通に刺激され後押しされたものである。ヴェリブの自転車は2008年におけるパリの自転車交通量の3分の1を占め、自転車はパリの全交通量の2～3パーセントを占めるようになった[注27]。

パリの成果に触発され、現在、多くの都市が新しいシティバイクの導入を進めている。そのなかには自転車交通の基盤や自転車文化の伝統を持っていない都市も含まれている。その背景には、簡単に利用できるシティバイクを利用して自転車都市づくりへの弾みをつけようとする考えがあるように思える。まずシティバイクで人びとを街に送りだし、それから快適で安全な自転車路網を少しずつ開発しようというわけである。しかし、自転車交通と自転車路網が臨界量を大きく下まわっていて、シティバイクを投入しても開発を持続させるのが難しい都市で、不慣れな乗り手を二輪車両で街に送りだすのは危険である。自転車交通と交通安全をもっと真剣に考え、安直な自転車政策を試みるまえに、すぐれた自転車都市の経験に学ぶべきである。シティバイクは、自転車文化を構築・強化する努力の一環でなければならない。安易な突破口ではない。

新しい自転車文化を目指して

近年、多くの都市、特にスカンジナビア、ドイツ、オランダの都市で、自転車利用のめざましい発達が見られた。自転車利用者と自転車移動が着実に増加し、自転車に乗ることが実用的で安全になった。自転車はいまや街を移動する普通の手段になっている。自転車交通の主役は、かつては無鉄砲な自転車愛好者の小さな集団だった。それが、国会議員や市長から年金生活者や小学生まで、さまざまな年齢層と社会階層を含む幅広い市民へと徐々に変化してきた。

その過程で自転車交通の性格が劇的に変化した。自転車が増え、多くの子供や高齢者が自転車を使うようになると、彼らに合わせて流れの速さが安定し、安全性が高まる。スポーツバイクとツールドフランス風の装備に代わって、もっと楽なファミリー自転車と普段着姿が目立つようになった。自転車利用が、スポーツやサバイバル実験から、街を動きまわるのに誰もが使える実用的手段に変化した。

かつての自転車文化は、自動車のあいだをすり抜ける高速スラロ

第4章 目の高さの街　197

ーム走行と法律違反を特色にしていた。それが、子供、若者、高齢者が整備された自転車路網を法律に従って走行する流れに変わってきた。この変化は社会の自転車交通に対する見方に大きな影響を与えた。人びとは、自転車交通が他の交通手段に代わり、それを十分に補い得ると考えるようになった。自転車文化がこのように変化した結果、自転車を歩行者や街のアクティビティと共存させることが容易になった。それも、本書が自転車を街のアクティビティの仲間に加えている理由のひとつである。

自動車文化から自転車文化へ

　世界各地で多くの都市が、革新的な意欲をもって自転車文化の普及に努め、自転車が誰にとっても有益な選択肢であることを実証しようとしている。学校は集中的な自転車練習の時間を設け、企業や組織は競って従業員の自転車利用率を上げようとしている。また、広報活動が展開され、自転車週間や都心の自家用車利用を規制するカーフリーデーが実施されている。

　多くの都市が、自転車文化を育成する活動の一環として日曜日に自転車街路を開設している。日曜日は、もともと自動車交通を制限していることが多く、また人びとに運動や新しい経験に時間を割く余裕があるので、こうした催しには最適の日である。都心の街路から自動車を締めだし、それを一時的な自転車街路に変身させる試みは、長年、中南米で広く行われてきた。コロンビアのボゴタで大規模に行われている「シクロビア」は、この種の取り組みの最も有名で成功した先進例である。

　21世紀に入って、これまで何十年ものあいだ自動車が都市計画の主役だった都市でも、自転車交通の強化が拡大しつつある。

　オーストラリアの大都市メルボルンとシドニーでは、大規模な自転車路網を整備するために野心的な戦略が開発された。両市の計画家は、新しい自転車レーンの配置に取り組み、既存の車線を撤去して、駐車帯の内側を自転車が走行する安全な「コペンハーゲン式自転車レーン」を実現しようとしている。ニューヨークの計画家も新しい交通計画に取り組んでおり、それが実現すればニューヨークは世界で最も環境にやさしい持続可能な大都市のひとつになる。

　ニューヨークは建築密度が高く、土地が平坦で、街路が広いので、自動車交通を自転車交通に転換するのに適した都市である。マンハッタン、ブロンクス、クイーンズ、ブルックリン、スタテン島の5区で、総延長300キロの自転車路網が計画されている。新しい自転車レーンの建設は2007年に始まり、翌年にかけて計画路線の4分の1が完成した。その結果、自転車交通が目立って増加している。また、ニューヨークでは新しい自転車文化育成の一環として、2008年に「サマーストリート」の名称で日曜日の街路から自動車を締めだす試みが実施され、大きな反響を呼んだ。

ニューヨークでは2007〜09年に300キロの新しい自転車路が建設された。同時に、ニューヨーク市民に自転車利用の意識を持ってもらう目的で総合プログラムが実施された。夏季に自動車進入禁止の「サマーストリート」が企画され、市民が快適に徒歩と自転車を楽しむ機会が用意された（マンハッタンのパークアヴェニュー、2009年夏）

多くの発展途上国では、自転車が輸送手段や庶民の足として重要な役割を果たしている

今後は、持続可能性、気候変動、健康への関心がさらに高まり、より多くの都市が、ニューヨークのように街のアクティビティと移動に新しい文化を注入する努力を強めるだろう。自転車交通の増加こそが、世界各地の都市が解決に苦闘している問題への明白な解答である。

第三世界の自転車

第三世界の多くの都市では、既に自転車交通が交通全体のなかで重要な役割を果たしている。しかし、自転車交通は劣悪で危険な状況に置かれていることが多い。人びとは必要に迫られて自転車を利用している。多くの場合、個人的な移動手段を持っていることが、仕事にありつき、生計を立てるための必須条件である。

多くの都市で、自転車と輪タクが物資と人員の輸送をほぼ独占している。人口1,200万の大都市、バングラデシュのダッカでは、40万台の輪タクが安価で持続可能な交通手段を支え、100万人以上にささやかだが貴重な収入をもたらしている。

自転車交通と都市発展
―― 障害か好機か？

残念なことに、自転車交通の盛んな都市の多くで、自転車交通を抑制して自動車交通のための空間を拡張する政策が進められている。

たとえばダッカでは、輪タクが都市発展の障害だと考えられている。インドネシアやヴェトナムの多くの都市では、自転車に代わって小型のモーターバイクが増えている。数十年前、中国の大都市はどこでも自転車の大群が街路を埋め尽くしていることで有名だった。しかし、自動車優先の交通政策や、時には自転車利用そのものの禁

止によって、現在では多くの都市で自転車交通が街路からほとんど姿を消してしまった。

　これらの都市が、街路空間の有効利用を図り、エネルギー消費と環境汚染を減らし、自家用車を持てない大多数の人びとに移動手段を提供するためには、自転車交通を政策の優先項目にすることが必要不可欠である。また、自転車のための基盤整備への投資は、他の交通投資に比べてずっと負担が少ない。

自転車政策
――発展と持続可能性のための戦略

　世界各地で都市政策の方向転換と優先順位の見直しが進んでいる。幸いなことに、メキシコシティやコロンビアのボゴタのように、第三世界の多くの都市でも自転車交通を優先する政策が展開されている。これらについては第6章で改めて紹介したい。

アクティビティ、空間、建築
―― この順序で

第5章

ブラジリア症候群——上空と外側からの都市計画

上空から見たブラジリアは様式化された鷲を思わせる。頭部に政府の建物群が置かれ、翼に住宅団地と施設が収められている

ブラジリア

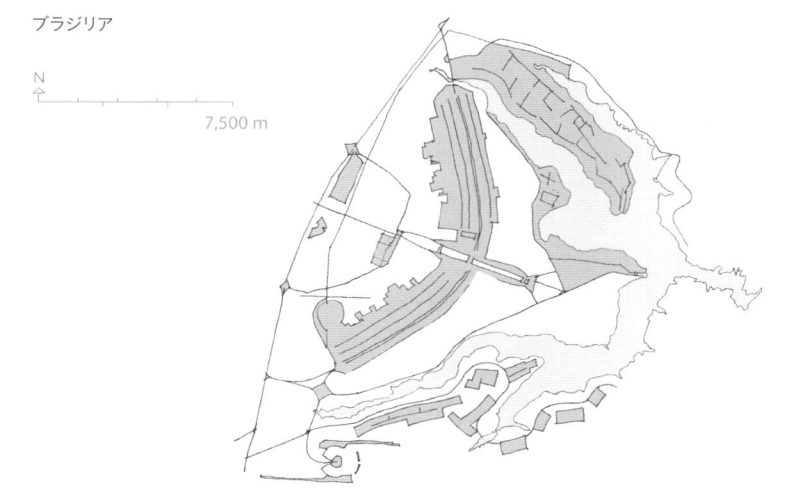

行政地区は、広い緑地帯の両側に高層ビルが並び、正面に連邦議事堂がくるように整然とデザインされている。適度に離れてみると印象的な光景である

歩行者から見たブラジリアの景観は惨めな失敗である。都市空間は大きすぎ、人びとを拒絶している。歩行者路は長い直線で、興味を引くものがほとんどない。別の地区では、駐車した車が快適な歩行を妨げている

5.1 ブラジリア症候群

人間の景観——人間の街の要

　第4章では、目の高さの街にとって必要な条件を取りあげて論じた。それは別の言い方をすると、最も小さな都市計画のスケール、つまり人間に身近な景観を重視することを意味している。
　ここで小さなスケールを改めて扱う理由は、多くの都市計画家がそれを軽視しているからである。また、小さなスケールが人間を取りまく空間の質を左右するからでもある。小さなスケールを都市計画や開発計画に不可欠な要素として注意深く組み込む必要がある。私がそう強く主張するのも同じ理由による。しかし、この目標を達成するには、従来の考え方と手法を根本的に変革する必要がある。

都市のスケール、
敷地計画のスケール、
人間のスケール

　簡単に言うと、都市デザインと都市計画にはまったく異質な段階のスケールが含まれている。大スケールは、多くの地区、機能、交通施設を含んだ都市全体を扱う。これは遠くから、つまりはるか上空から都市を眺める視点である。
　中スケールは開発のスケールであり、都市内の個々の地区や区域のデザイン、建物や都市空間の編成を扱う。これは低空を飛行するヘリコプターの視点からの都市計画である。
　最後の小スケールは人間の景観である。3番目だからといって、けっして重要度が低いわけではない。これは都市空間を利用する人びとが目の高さで体験する街である。ここで扱われるのは、都市の大きな骨格でも建物の壮観な配置でもない。それが扱うのは、街を歩き、街で時を過ごす人たちが直観的に受け止める人間景観の質である。時速5キロの建築こそが小さなスケールの対象である。

すぐれた都市計画は
3つのスケールすべてを
調和させねばならない

　実際のところ、3つのスケールを扱うのは、まったく異なる3つの原理のもとで仕事をすることに他ならない。それらの原理はそれぞれ独自のルールと質的基準を持っている。理想を言えば3つの原理がすべて融合して確かな統一体を生みだし、人びとを街に引きつける空間を提供しなければならない。目標は総合的な計画とデザインである。目の高さの空間のつながり、細部、仕上げなどが注意深く処理され、それを土台に建築群の輪郭と配置、都市空間の調和などが組み合わされて、一体的な街が形成されるべきである。

都市計画
—— 上空から、そして外側から

ヘリコプターの視点で見た都市。誰が街の
アクティビティを担当しているのか

建物、空間、アクティビティ
—— この優先順位では街の
アクティビティに可能性がない

ブラジリア症候群
—— 大きなスケールしか考えられていない

多くの場合、この理想は近代主義の計画実践と大きく隔たっている。そこでは街全体や都市空間ではなく、建築に焦点がしぼられている。施主と市長、そして誇らしげな建築家が新しい開発計画の模型を取り囲んでいる写真は、近代主義の方法と問題を雄弁に示している。この開発計画は、模型から遠く離れた上空からの視点で捉えられている。建物、街区、道路など、開発の諸要素は高みから眺められ、それぞれが適切な位置に納まり、すべてが見映えよくなるまで、あちこちに動かして検討される。それを支配しているのは上空から、そして外側からの目である。

上空から、そして外側からの都市と開発の計画は、最初の2つのスケール、つまり都市と開発のスケールだけを適切に処理しているにすぎない。多くの重要な決定が都市計画と敷地計画のスケールで下される。豊かな情報が得られ、具体的な建築計画が立てられるのは、この2つのスケールだけである。重要な資金面の関心もここに集中し、経験豊かな専門の計画家が扱うのもこの問題だけである。

人間のスケールでは状況が大きく異なる。このスケールは扱うのが難しく、あまり目を向けられない。経験も情報も不足しがちで、そのため役に立つ建築計画がほとんど用意されていない。投資家の目は最初の2つのスケールに向けられていて、人間の景観には関心が薄い。

都市計画が多くの場所で上空と外側から物事に着手するのには、それなりに合理的な説明がつけられている。典型的な優先順位は、まず都市の大きな骨格、次に建物、最後に建物のあいだの空間である。しかし、数十年にわたる都市計画の経験を振り返ると、この方法は人間の景観を生みだすことができず、人びとに都市空間を利用してもらうことにも役立たない。それどころか計画決定の大半が大きなスケールで行われ、アクティビティが大規模建設の余白に押し込まれると、街のアクティビティのための条件を整えることが不可能になる。残念ながら、ほとんどの新都市と開発計画には人間の次元がまったくといってよいほど欠落している。

近代都市計画の傑出した事例のひとつがブラジルの首都ブラジリアである。ブラジリアは、設計競技で選ばれたルチオ・コスタ案をもとに1956年に計画と開発が始まり、1960年に正式に首都になった。現在は300万人以上が生活している。この新都市は、最初の2つのレベルだけを重視した計画の結果を評価するのに最適な存在である。

上空から見たブラジリアは、鷲の姿をかたどった美しい構成を持ち、頭が行政区、翼が居住区になっている。その構成はヘリコプターの視点から見ても興味深い。行政区の建物はくっきりと白く、大

きな住宅棟はゆったりした広場と緑地を囲んで配置されている。ここまではすばらしい。

しかし、計画家が無視したスケール、すなわち目の高さで見た街は悲惨である。都市空間は輪郭があいまいで大きすぎ、街路は広すぎ、歩道や歩行者路は直線的で長すぎる。広い緑地には芝生のはげた踏み分け道が縦横に走っていて、住民が堅苦しい形式的な都市計画に抗議して自分たちの足で刻みつけた意思表示を読みとることができる。飛行機やヘリコプター、また自動車に乗っているのでなければ、街には楽しめるものがあまりない。そして、ブラジリアに住んでいる人の多くは、それらに乗ってはいない。

ブラジリアでは最初の2つのスケールが重視され、小さなスケールは無視されている。このブラジリア症候群が、残念なことに世界に普及した計画原理になっている。

世界中の多くの地域、たとえば中国をはじめとするアジアの急成長地域で、新しい開発住宅地にこの症候群が蔓延している。ヨーロッパでも、多くの新市街地や開発地区がブラジリア症候群に感染している。特にコペンハーゲン郊外のエアスタッドのように、大都市近郊の新規開発地区でその傾向が著しい。

ドゥバイでは、ここ数年のあいだに大量の高層ビルが建設されたが、その多くは内向きの閉鎖的な表情を持っている。それは、大きなスケールと人目を引く建設だけに力を注いだ、もうひとつの大規模市街地の姿である。目の高さで見たとき、そこには論評に値すべきものがほとんどない。

上空と外側からの都市計画。空間や全体のことより建物に関心が集中している（コペンハーゲン・エアスタッドとドゥバイ）

5.2 アクティビティ、空間、建築
—— この順序で

アクティビティから出発し、建築を待機させることが必要

街と建物が人びとを引きつけ、滞留をうながすためには、人間的スケールに対する従来の扱いを改め、一貫した取り組みを行う必要がある。このスケールの扱いは都市計画の実践のなかで最も難しく、慎重な対応が求められる。それを無視したり失敗したりすると、街のアクティビティは可能性の芽を摘まれてしまう。広く行われている上空と外側からの計画実践に代えて、足もとと内側からの新しい計画手順を導入しなければならない。まずアクティビティ、次に空間、それから建築——これが原則である。

アクティビティ、空間、建築
—— この順序で

人間の次元を重視するためには、従来の優先順位、つまり建築、空間、わずかなアクティビティの順序で進められる計画に代えて、建築より前にアクティビティと空間を扱う取り組みが必要になる。

この方法では、まず開発地区におけるアクティビティを予測し、その性格と広がりを決定する予備作業が行われる。次に望ましい歩行者と自転車の動線をもとに、都市空間と都市構造が計画される。都市空間と人びととの動線が設定されると、建築を配置し、アクティビティ、空間、建築の望ましい共存を図ることができる。こうした手順を踏んでから大きな開発地や大きな地区の作業に取りかかることになるが、それらは常に良好な人間的スケールを保つのに必要な条件を守って進められる。

アクティビティ、空間、建築の順序で計画を進めると、プロセスの早い段階で新しい建築のあり方を明確にし、都市空間と街のアクティビティを強化し豊かにする機能とデザインを確立することが容易になる。

人間のためのすばらしい街をデザインする唯一の方法は、街のアクティビティと都市空間を出発点にすることである。それは最も重要で、最も難しい方法であり、後まわしにすることはできない。順序を追って進めなければならないのであれば、まず目の高さから着手し、鳥瞰的な視点は最後にまわすべきである。もちろん最善なのは、3つのスケールを同時かつ包括的に、誰もが納得できるように取り扱うことである。

街のアクティビティと都市空間に基礎を置いた伝統的都市計画

アクティビティ、空間、建築の順序は革新的なものではない。新奇なのは、これとは逆の順序を採用した近代主義と製図板至上主義

モンパジエ

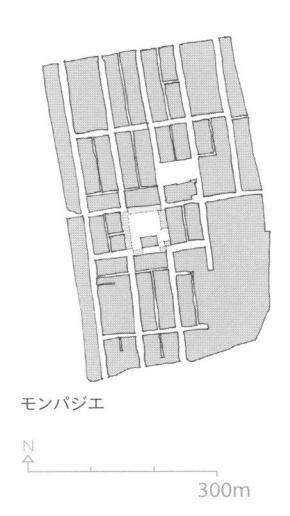

300m

南フランスのモンパジエ（1283年）は、市門、広場、街路を基礎にして計画されている。特徴的なアーチが広場を縁どり、大通りからの移行ゾーンになっている

「アクティビティ、空間、建築」原理の実践例：南オーストラリア・アデレードの都市プランは、1837年に都市空間と公園を重視して作成され、建物はあとから建設された

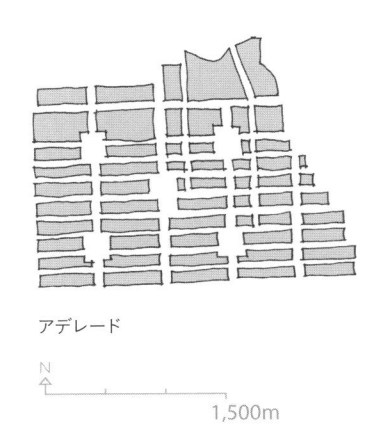

アデレード

1,500m

的な近代都市計画である。近代主義が一世を風靡したのは60〜70年の短い期間にすぎない。そして、この時期に人間的次元が徹底的に無視されたのである。

　都市発展の歴史を見ると、古い集落は小径や狭い通り、市場に沿ってつくられていたことがよくわかる。行商人が道行く人に商品を見てもらうため、最も人通りの多い小径沿いにテントや屋台を設けた。やがてテントや屋台に代わって常設の建物がつくられ、家屋と街路と広場からなる街が徐々に成長した。都市発展の出発点になった初期の小径や市場が、多くの現代都市にいまも痕跡を残している。これらの古い有機的な街は、目の高さの人間の景観から出発して複雑な構造をつくりあげた都市発展の物語を伝えてくれる。

　たとえば、古代ギリシアやローマの植民都市のように新都市の建設が必要だった地域、また1283年に創建された南フランスのモンパ

第5章 アクティビティ、空間、建築——この順序で　207

ジエのような中世の計画都市では、アクティビティ、空間、建築の原則に従って計画が立てられていた。さらに後世の都市計画にもこの原則が影響を与えている。ルネサンス期やバロック期の都市では、都市空間が計画の第一の出発点だった。北米と南米の多くの計画的植民都市にも同じ原則が見られる。米国ペンシルヴェニア州フィラデルフィア（1681年）やジョージア州サヴァンナ（1733年）はその例である。南オーストラリアのアデレードも、都市空間を開発の出発点にした計画的植民都市である。アデレードは、ウィリアム・ライト大佐が1837年に作成した計画に基づいて開発された街で、5つの広場を中心とする格子状街路網を持ち、街全体を大きな緑地が取り囲んでいた。建物は街路と広場に沿ってあとから徐々に建設された。もっと後世になってからも、ベルラーへによるアムステルダム中心部の都市開発（1917年）のように、公共空間は都市計画の出発点でありつづけた。

このようにアクティビティ、空間、建築の順序は、都市の歴史を通じて広く見受けられる。アクティビティと空間に代わって建築が主役の座に着いたのは、比較的最近の近代主義全盛期になってからである。

アクティビティ、空間、建築
——時代を超えた理念

ストックホルム南郊の新市街地スカールネク（1981～86年）では、都市空間が計画の第一要素であった。最初にゲート、大通り、広場、街路、公園が配置され、その後に建築家が招かれ、計画された都市空間に沿って住宅を設計するよう依頼された
右：建築家クロース・サムが描いた都市設計の原案スケッチ

ブラジリア症候群が都市計画を支配していた時代にも、少数ではあるが、幸いなことに3つのスケールすべてを調和させ、注意深く総合的成果を挙げることに成功した市街地や開発地区が存在していた。建築家ラルフ・アースキンは、スウェーデンのティブロ（1956～59年）、ランズクローナ（1970年）、サンドヴィーケン（1973～78年）、英国のニューカッスル（1973～78年）などの開発で、小さなスケールと他のスケールを一体的に扱い、すぐれた環境を実現した。ニューアーバニズム運動も、1979年以降、同様に小さなスケールを注意深く織り込む開発原則を定着させようとした。南フロリダの保養地シーサイドはこの原則の適用例だが、そこに実現されたのは現代

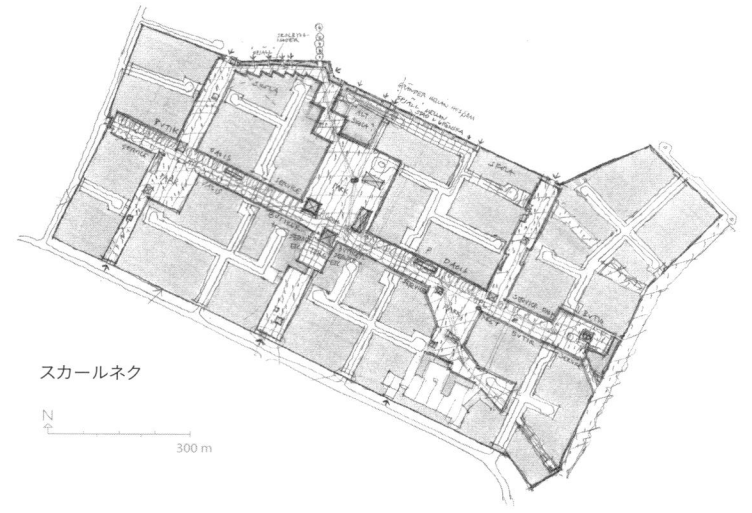

スカールネク
300 m

アクティビティ、空間、建築——事例：スウェーデン・マルメのボー01

ボー01

300 m

この住宅地は、2001年にスウェーデンのマルメ市が主催した建築展ボー01のために建設された。最初に都市空間、眺望、気候条件が入念に考慮され、その後、建築家を招いて住宅が建てられた。その結果、きわめて住みよい街が実現された

の多様な都市生活のごく一部にすぎない。同じ出発点を採用した他の多くの開発と同様に、それは孤立した試みで、人口密度がきわめて低く、十分な説得力を持つものになり得ていない。

ラルフ・アースキンがスウェーデンで手がけた初期の計画に触発され、アクティビティ、空間、建築の原則を採用して建設された2つの興味深い開発が、この計画原則が持つ豊かな可能性を立証している。

スカールネクは、1981年から86年にかけてストックホルム南郊に建設された新市街地で、約1万人が住んでいる。その都市計画は、この地域における過去数十年の計画と明らかに異なり、建物を交通路網のあいだに配置することに焦点を当てていた。この計画が重視しているのは公共空間の広がり、位置、大きさであり、これから建てられる建物の位置とデザインを誘導する指針の提示である。

スウェーデンのマルメにおけるボー01地区（2001年）も同じ原則に従って建設された。計画を手がけたのはクロース・サム教授で、

新市街地におけるアクティビティ、空間、建築

アルミール（1976〜86年）はアムステルダム近郊に建設されたニュータウンである。間口の狭い建物と垂直方向の統一性に特色があり、1階に活気のある機能を配置し、上階を住宅にしている

ヴォーバン（1993〜2006年）は南ドイツのフライブルクに建設された新市街地である。先駆的な緑の街の計画原理を採用し、住宅地区の街路には柔らかいエッジが導入されている

南アフリカのケープタウン近郊では、仮設住宅を建て替える開発が少しずつ進められている。ここでも、アクティビティ、空間、建築の順序で計画が立てられている

高層建物を載せた快適な街

カナダ・ヴァンクーヴァーの港湾地区では、街路沿いに低層の建物を配置し、その背後に高層アパートを建てている

彼はスカールネクやラルフ・アースキンの仕事を参考に計画をまとめあげた。ボーOIでも都市空間に入念な配慮が払われ、天候からの保護と空間のつながりの調和、高層建物による低層建物の保護などが注意深く処理されている。また、多くの建築家と施工者を使い、変化をつけることにも配慮している。

その結果、この地区は他に例がないほど多くの魅力的な特質を備え、住宅地としてだけでなく都市内外から多くの人を引きつける観光地としても人気がある。ボーOIは、広域観光の拠点、水辺の空間、地元住民のための屋外空間が注意深く分けられているので、住むのに適した快適な場所である。そこにはすべての場所がある。

スウェーデンのこれらの開発は、すべてのスケールに細心の注意を払うことによって人間の景観、開発地区、都市全体の計画を一体的に扱うのが可能であることを実証している。

高層建物を載せた快適な街：ヴァンクーヴァーの例

近年、カナダのヴァンクーヴァーが、同じように街のさまざまなスケールを一体的に扱う取り組みを行っている。港湾地区の新しい大規模開発では、高い建築密度と良好な質を備えた街路という2つの重要な必要条件を満たすことが求められていた。多くの床面積と目の高さの良好な質を同時に満足させるには、開発を2層化する注意深いデザインが必要だった。まず低層部を2〜4階建ての基壇とし、街路に沿って建築線を設定した。高密度の超高層ビルは、歩行者の景観を圧迫しないように街路線から後退させ、この基壇の上に建てられている。また、背後の建物から水辺への眺望をさえぎらないように、そして足もとの街路への強風と日影を抑えるため、これらの超高層ビルは幅の狭い塔状にデザインされている。全般的に見て、ヴァンクーヴァーの基壇型開発は、ひとつの開発のなかで大小のスケールを適切に組み合わせようとする新しい興味深い試みである。

時には完璧に近い例も：ヴァンクーヴァーのグランヴィル島

グランヴィル島

300 m

ヴァンクーヴァーのグランヴィル島では、1970年代に荒廃した工業地区を新しい都市公園地区に改造する計画が進められた。その指導原理のひとつが機能の混合である

まだ稼働している工場のそばに学校、劇場、店舗、住宅が建設された。グランヴィル島は、本書で吟味した原理のほとんどが実行に移された世界でも数少ない場所のひとつである

1. 工業地区ではもともと各種の交通が混在していた。それが現在も保たれている
2. マーケットホール
3. 1階はすべて活気のある機能を入れ、透明にすることが原則である
4. もうひとつのデザイン原則は、古い工業地区の特性を維持することである。建物、ストリートファニチュア、標識類は、地区の工業の歴史を反映している

その新しい建物は、高い建築密度を確保しながら目の高さの良質な街を実現する議論と夢に力強い貢献を果たしている。

目の高さの良質な街
―― 建築教育の新しい課題

　高い建築密度への要請と人間景観への配慮をどのように融合させることができるのか。この問題に関しては、上述のように世界各地に興味深い事例が見られる。その均衡を図ることが、生き生きした安全で持続可能で健康的な街を実現する鍵になる。都市計画と敷地計画を注意深く行うことによって一部の問題を解決することができるが、決定的に重要なのは、個々の建設の出発点である建築が目の高さの質を向上させることに直接貢献するかどうかである。

　どのようにしたら目の高さの街をすばらしいものにすることができるのか。この問題を建築の重要な課題として、これまでより真剣に取り組む必要がある。建築が街路に面した1階のデザインを入念に扱っていたのは、そう昔のことではない。建物と街が出会う1階には、細部にまで気を配った小さなスケールが用いられていた。このように建築的配慮が1階にたっぷり注がれていたおかげで、街を歩くと豊かで濃密で、感覚に多彩に訴えかけてくる体験が得られた。

　しかし、近代主義が新しい理想をもたらした。ほとんどの建物が、1階から最上階までディテールの密度を変えず、同じ材料で建てられるようになった。5階、10階、時には50階の高さから、建物が歩道にそのまま急降下する。この機械的処理が街にもたらした影響を、いまでは多くの人が認識している。間違いなく、1階に再び特別な役割を与える時期が来ている。

活気のある1階の上に、少し後退して高い建物が配置されている(オーストラリア・ホバート)

第5章 アクティビティ、空間、建築――この順序で　213

小さなスケールさえ適切であれば……

コペンハーゲンの長屋街は、上空から眺めると退屈で画一的に見える。しかし、目の高さで眺めると多くのすぐれた特質と機能を備えており、市内で建築家が最も多く集中して住んでいる地区であるのももっともだと納得させられる

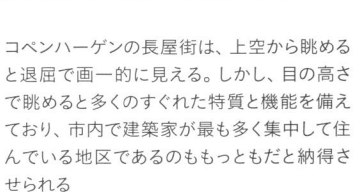

小さなスケールさえ
適切であれば……

　高層建物を頭上に載せ、目の高さの街をすばらしいものにするには、建物1階の建築を独立分野として再確立する必要がある。
　設計をするとき、街が建物に対して何をしてくれるかではなく、建物が街のためにできることを考えなければならない。この課題に応えてすぐにできることは、上階を後まわしにしても魅力的な1階をつくることである。

　大小のスケールを一体的に扱っている開発例以外にも、小さなスケールだけを入念に扱い、それでいて良好な開発を実現している例が意外なほど多く存在する。
　写真に示すコペンハーゲンの住宅地区は、建設協会が開発した質

来客数が売り上げに影響するところでは、常に小さなスケールに入念な注意が払われる。パリのディズニーランドを上空から見ても特に魅力を感じないが、目の高さに降りてくると、人びとを楽しませる機能が完璧に備わっていることがわかる。人を誘う快適な雰囲気を高めるため、2階から上が通常の80パーセントの規模に縮小されている

素な長屋形式の住宅（1873〜89年）が並び、はるか上空からだけでなく、屋上から眺めても画一的で退屈に見える。どの街路にもほとんど同じ住宅が連なり、低い平凡な家並みを形成している。ヘリコプターの視点で見るかぎり、ほとんど特筆すべきものがない。

　しかし、目の高さに降りてくると、これらの長屋は多くの長所を備えている。街路空間はほどよい大きさを持ち、緑豊かな前庭、行き届いた空間のしつらえ、変化に富むディテール、十分な交通安全、そして心地よい気候を享受することができる。要するに、それはすぐれた人間景観の条件をほとんどすべて満たしている。住民は地区が提供してくれる魅力を満喫することに忙しく、彼らの地区が上空や外側から画一的で退屈に見えるかどうかなど考えたこともない。

　このような開発がはっきり示しているのは、都市計画のスケールが無視されることがあっても、小さなスケールだけは、すなわち人間の景観だけは守らなければならないということである。

　興味深いことに、このように小さなスケールの質がしっかりしている地区は、市内で最も人気があり家賃の高い地区のひとつである。また、建築家が最も集中して住んでいる地区でもある。建築家は自分がどこに住んだらよいかよく知っている。

　コペンハーゲンのクリスチャニアは別の意味で興味深い例である。そこは政府公認の自治区で、自動車の進入を禁止し、反体制的な社会モデルを実践している。この街を見ると、人間景観への細心の配慮がコミュニティの自治能力の前提条件でもあることがよくわかる。

小さなスケール
——人びとを引きつける要因

　小さなスケールの質が、その場所のアクティビティと魅力を左右する。遊園地、展覧会場、市場、保養地などで人間景観に入念な注意が払われていることも、この事実を裏づけている。これらの場所

都市空間と建築との交流

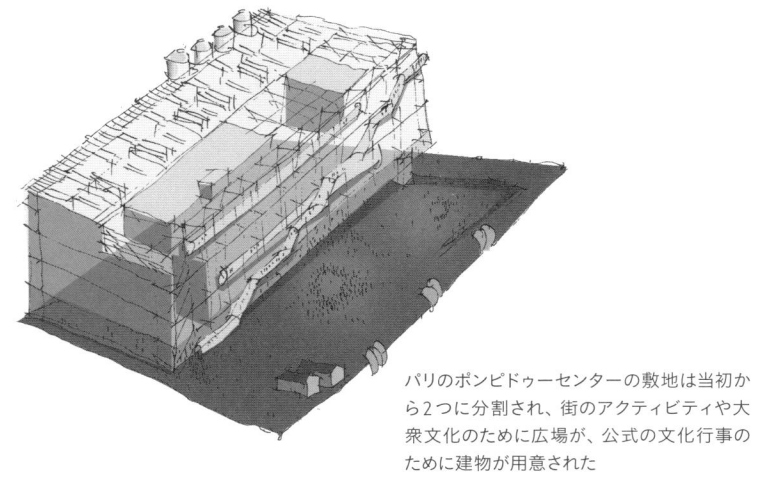

パリのポンピドゥーセンターの敷地は当初から2つに分割され、街のアクティビティや大衆文化のために広場が、公式の文化行事のために建物が用意された

スペイン・ビルバオのグッゲンハイム美術館（中段左）は四方に対して閉ざされている。一方、メルボルンの美術館（中段右）は魅力的な都市空間を縁取るようにデザインされている（メルボルンのフェデレーション広場）

ノルウェー・オスロの新オペラ劇場は、街と建物の境界を消し去っている。屋上が都市空間になっていて、人びとは都市登山を楽しむこともできる

に共通しているのは、来訪者に目の高さで快適な条件を提供しようとしていることである。そこでは鳥やヘリコプターの視点が大きな役割を果たすことはない。それはもっともなことである。

アクティビティ、空間、建築
――既成市街地の場合

都市空間のアクティビティを重点目標にする対処方法は、既成市街地の改善を図るうえでも重要である。

街の人間景観は、多くの場所で、たいていは自動車優先政策の直接の結果として、長年にわたって無視されてきた。ほとんどの都市が交通部局を設け、交通量を算定し、駐車状況を評価してきた。彼らはデータを集め、予測を立て、交通モデルを作成し、影響分析を行ってきたが、その過程を通じて都市計画のなかで自動車の存在が目立ち、大きな位置を占めるようになってきた。

それとは対照的に、街のアクティビティと歩行者に起こっていることに目を向ける人はほとんどいなかった。何十年ものあいだ街のアクティビティを気にかける人はいなかった。それはそこにあって当然のものと考えられていて、それが少しずつ低下していっても、その影響を調査することはほとんどなかった。

都市計画の過程のなかで自動車の存在が大きくなるのに呼応して、街における人間活動が無視されるようになってきた。

もう一度、優先順位を再編する必要がある。街のアクティビティに目を向け、他の都市機能と同じ水準で扱うべきである。既成市街地でもアクティビティを優先する必要がある。

街のアクティビティに目を向ける

新市街地の計画は、必ず将来の活動パターンの予測と予知から始まる。既成市街地では、実際に存在している街のアクティビティを調査することが出発点であり、次にこの情報を用いて、街のアクティビティのどの部分をどのように強化すべきか考えて計画を立てる。

コペンハーゲンにおける
街のアクティビティ調査
――過去40年にわたって

コペンハーゲンでは1968年に公共空間と公共アクティビティの定期的調査が導入された。その後の経験のなかで、都市空間の将来計画と人間景観の改善にとって、この調査がきわめて貴重な手段になることが明らかになった。調査方法は、当初、デンマーク王立芸術大学建築学部の研究計画の一部として開発されたものである。

その方法は、簡単に言うと、都市空間を実測・評価し、そこで行われるアクティビティを記録するものである。都市のアクティビティを記録することによって、多くの場合、さまざまな季節の一定の日時における歩行者と滞留活動の量が明らかになる。この方法では、空間の役割とそこで起こっている活動の全貌を、あまり費用をかけず簡単に、なおかつ比較的正確に把握することができる。

2年後、5年後、あるいは10年後に同じ方法を適用して調査を行うことによって、街の使われ方の発展と変化を明らかにすることも

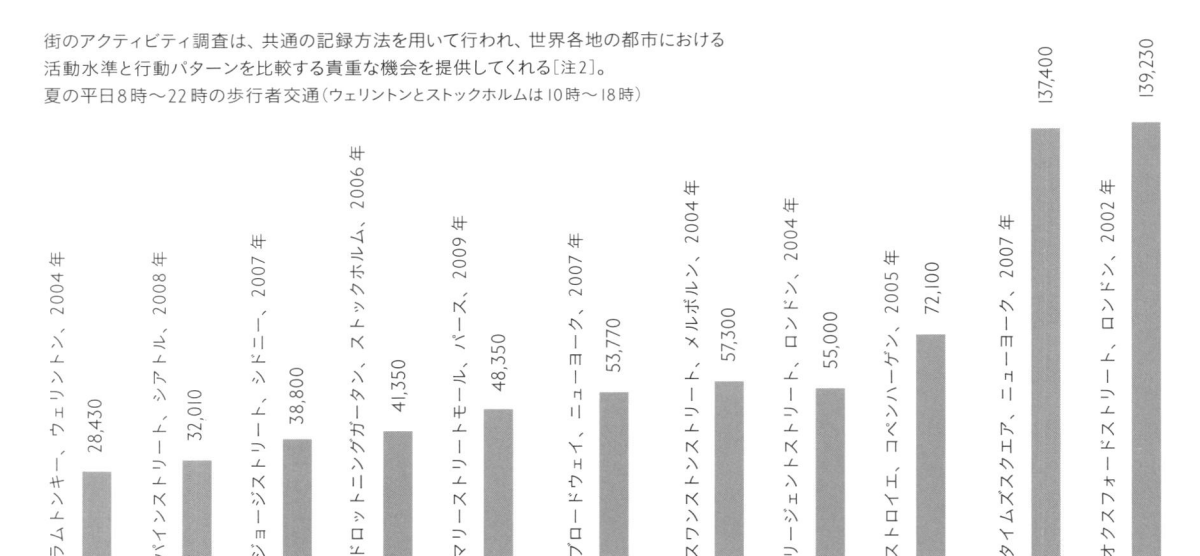

街のアクティビティを可視化する

街のアクティビティ調査は、共通の記録方法を用いて行われ、世界各地の都市における
活動水準と行動パターンを比較する貴重な機会を提供してくれる[注2]。
夏の平日8時〜22時の歩行者交通（ウェリントンとストックホルムは10時〜18時）

ラムトンキー、ウェリントン、2004年	28,430
パインストリート、シアトル、2008年	32,010
ジョージストリート、シドニー、2007年	38,800
ドロットニングガータン、ストックホルム、2006年	41,350
マリーストリートモール、パース、2009年	48,350
ブロードウェイ、ニューヨーク、2007年	53,770
スワンストンストリート、メルボルン、2004年	57,300
リージェントストリート、ロンドン、2004年	55,000
ストロイエ、コペンハーゲン、2005年	72,100
タイムズスクエア、ニューヨーク、2007年	137,400
オクスフォードストリート、ロンドン、2002年	139,230

できる。交通経路を変更して都市空間の改善を行ったところでは、変更の効果を明快に読みとることができる。この方法を使えば、街のアクティビティを追跡し、詳しく説明することができるわけである[注1]。コペンハーゲンでは、公共空間と公共アクティビティの調査が重要な計画手段になっており、政治家や都市計画家は、それを使って街がどのように変化しつつあるのか知り、街をさらに改善するための手がかりを得ている。

コペンハーゲンでは、街のアクティビティが誰にでもわかるように可視化されている。この40年のあいだに、公共空間の質的改善を実施するとき、それが決定的な影響力を持つようになってきた。

街のアクティビティ調査は世界共通の計画手段

街のアクティビティの体系的調査は、都市空間政策と都市空間計画の立案手段として大いに役立つ。それを最初に示したのは1968年のコペンハーゲンだが、今日では、街のアクティビティのデータが交通データと同様に都市計画家にとって必要不可欠な基礎資料になっている。当初の研究計画以来、街のアクティビティ調査は、世界各地の大きく性格の異なる都市や気候がまったく異なる地域の都市更新事業に適用され、より精緻な計画手段へと進化してきた。

街のアクティビティ調査は、小さな田舎町からロンドン（2004年）やニューヨーク（2007〜09年）のような大都市まで、さまざまな規模の都市で行われてきた。過去20年間にこの方法が適用された都市は、ヨーロッパではノルウェーのオスロ、スウェーデンのストックホルム、ラトビアのリガ、オランダのロッテルダム、アフリカでは南アフリカのケープタウン、中東ではヨルダンのアンマン、オセアニアではオーストラリアのパース、アデレード、メルボルン、シ

街のアクティビティ調査は、通常、手作業で記録する。この方法を使うと、観察者は必要なデータをとると同時に、都市空間がどのように機能しているか自分の目で知ることができる

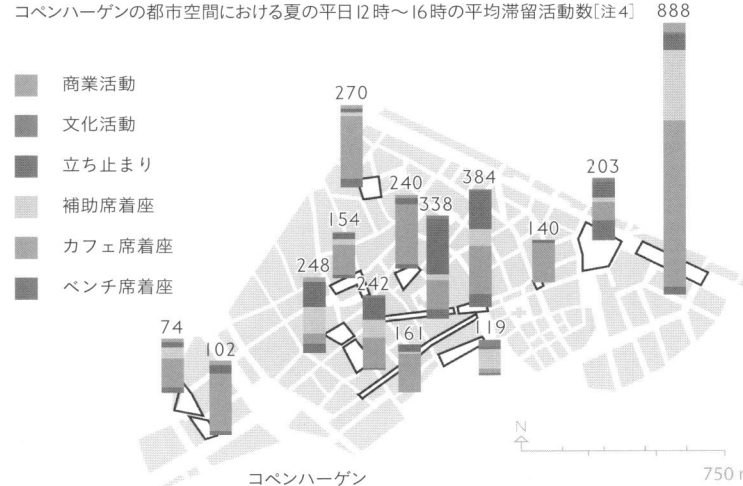

コペンハーゲンの都市空間における夏の平日12時〜16時の平均滞留活動数［注4］

- 商業活動
- 文化活動
- 立ち止まり
- 補助席着座
- カフェ席着座
- ベンチ席着座

コペンハーゲン

ドニー、ブリズベーン、ニュージーランドのウェリントンとクライストチャーチ、北米ではワシントン州シアトル、カリフォルニア州サンフランシスコなどである［注3］。地理的にも文化的にも多様であることがわかるだろう。

多くの異なる都市で行われた調査は、それぞれの街のアクティビティの性格と広がりを詳細に明らかにし、地元の都市計画に役立ってきた。そして、より大きな文脈で見ると、世界のさまざまな地域における文化的傾向と開発動向を俯瞰する貴重な情報を提供してくれている。さまざまな都市のデータを収集することによって、比較を行い、知識、着想、解決法などを都市から都市に移転することも可能になる。

1993年にオーストラリアのパースで大がかりな街のアクティビティ調査が実施された。その結果をもとに多くの都市空間が改善され、2009年の調査で街の活動水準が倍増したことが明らかになった。写真は都市空間改善の前後における歩道の様子を示す

第5章 アクティビティ、空間、建築——この順序で 219

都市空間のアクティビティを
可視化する

　街のアクティビティ調査の方法は年を追って進化し、改良されてきた。多くの都市で、街のアクティビティに関する情報を体系化する多彩な試みが進められ、手順が確立され、街のアクティビティの定期的調査が都市政策の議論と目標設定の出発点になっている。人間の次元は都市政策のなかで長いあいだ軽視されてきたが、その取り組みがようやく有効な手段を手に入れ、計画実践に組み込まれるようになった。

最初にアクティビティ、次に空間、
その次に建築
――都市計画家にとっての共通条件

　新規開発の計画経験から、アクティビティ、空間、建築を、この順序で扱うことの必要性が明らかになった。また、既存の都市や市街地での経験から、街のアクティビティをわかりやすく可視化し、計画過程のなかで高い優先順位を与える必要性が浮き彫りになった。
　最初にアクティビティ、次に空間、その次に建築――これは21世紀の計画手順に求められる普遍的条件である。

第三世界の街

第 6 章

世界共通の重要課題

世界の都市化

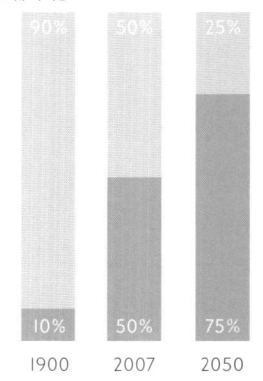

	1900	2007	2050
農村	90%	50%	25%
都市	10%	50%	75%

世界の都市人口（単位：百万）

	アジア	アフリカ	工業先進国	ラテンアメリカとカリブ諸国	その他
2005	1,448	349	754	433	180
2050	3,344	1,234	950	683	188

上左：現在、世界人口の半分以上が都市に居住しており、この割合は2050年までに75パーセントに達すると予測されている［注1］
上右：世界の都市人口（2005年の統計値と2050年の推計値）［注2］

歴史を通じて、都市空間は出会いの場所、市の開かれる場所、交流の空間として役割を果たしてきた。現在でも、世界の都市の多くはこの重要きわまりない機能の基礎になっている（グアテマラ・チチャステナンゴの市場開催日）

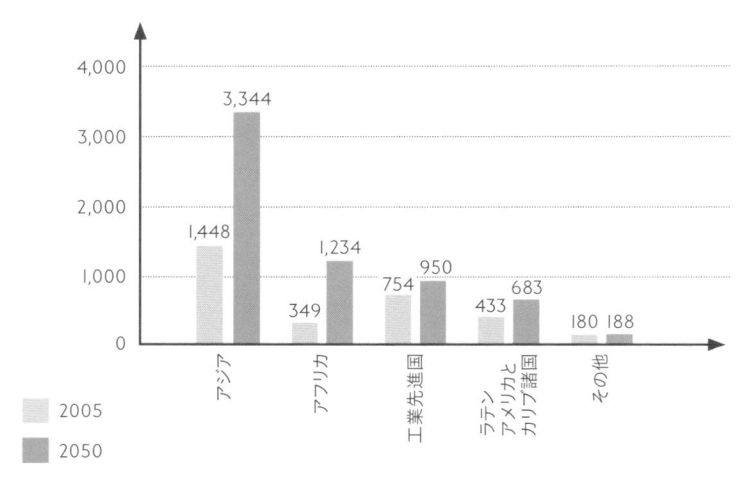

多くの都市で、増えつづける交通が都市空間の伝統的機能に重圧を加えている（ヨルダン・アンマン）

6.1 第三世界の街

人間の次元
——世界共通の重要課題

　人間中心の都市計画を優先し、都市空間を利用する人びとを注意深く受け入れる必要性が強く叫ばれている。経済発展の段階がどうであれ、世界中どこの街でも徒歩と自転車利用、そして街のアクティビティへの参加をうながすことが必要である。特に第三世界の急速に成長しつつある都市では、いくつもの条件が重なり、人間の次元を尊重して都市計画を行うことがとりわけ重要になっている。

いまや人口の大半が都市に住み、
都市が爆発的に成長しつつある

　過去1世紀、1900年に16億5,000万だった世界人口が2000年には60億へと電撃的速度で増加した。さらに2050年には90億に達すると予測されている [注3]。この劇的成長の大半は都市域で起こっている。1900年には世界人口の10パーセントが都市に住んでいた。この数字は2007年までに50パーセントに膨張し、2050年には世界人口の75パーセントが都市に集中すると予測されている [注4]。

人口過密と貧困が公共の都市空間
をいっそう貴重なものにしている

　第三世界の国々では、都市人口の急激な増加が多くの問題と課題に拍車をかけている。
　多くの地域で、急増する都市住民に住まいを供給するため、大規模な不法住宅地区が拡大している。これらの地区は人口過密で、粗

自動車交通がそれほど多くなければ、出会いの場所、市の開かれる場所、交流の空間としての都市空間の伝統的機能は均衡を保ちつづけることができる（北京の路地「胡同」）

都市空間は多くの要求に応えねばならない

多くの発展途上国では、数多くの重要な日常活動が屋外の都市空間で行われている。これらの都市では、文化、気候、経済などの条件によって、都市空間のアクティビティが生活条件と生活の質に大きな影響を与えている（タンザニア・ザンジバルの街頭テレビ、バングラデシュ・ダッカの路上市、ベトナム・ハノイの美容師）

悪な建物が建ち並び、生活に必要な設備がほとんど備わっていない。また、都市への人口圧力は既存の住宅地区でも過密を招き、上下水道や交通網、そして公共空間や公園に過剰な負荷をかけている。さらに、高層・高密の新しい住宅開発が大都市近郊で急速に進められているが、これらの地区では公共空間が不足しがちで質も悪い。

第三世界諸国における多くの都市住民に共通しているのは、生活水準がきわめて低いことである。そして、このように人口密度が高く、経済的に恵まれない住宅地区では、屋外空間が生活状態を左右するきわめて大きな役割を果たしている。可能な場所ではどこでも、街路、広場、その他の共用空間など、住まいの近くの屋外で多くの日常生活活動が行われている。

文化、伝統、気候などの影響で、幅広く多彩な屋外アクティビティが多くの地域で発達し、生活状態と生活の質を支える重要な役割を果たしてきた。そして、いまも果たしている。これらの都市では、新旧両方の市街地で、公園や広場など、自由に利用できる良質な空間を将来にわたって確保し、人びとに自己表現の機会を提供することがとりわけ大切である。

歩行者と自転車交通の維持・強化が特に重要である

経済発展を求め、郊外につくられる新しい職場とのあいだを結ぶ交通機関が必要になり、さらに都市が急激に成長し、都市居住者が大量に集中した結果、交通基盤の整備が焦眉(しょうび)の急になっている。

自動車やエンジン付きの交通手段が少しずつ普及するだろうが、さしあたり住民の大多数は自動車やバイクを入手することが不可能に近い。多くの場合、公共交通機関は開発が遅れており、運賃が高く速度が遅い。

徒歩と自転車は昔からこれらの人びとの移動に大きな役割を果たしてきており、多くの都市住民がいまでも徒歩や自転車、もしくは公

多くの新しい住宅地区は、屋外活動を軽視した原理と観念的理論に基づいて建設されている(北京)

バングラデシュ・ダッカの輪タク

バングラデシュのダッカでは、約40万台の輪タクが1,200万市民に安価で持続可能な交通手段を提供している。また、100万人が輪タク業に従事し、生活を向上させているといわれる。自動車交通への対処法を検討する議論は、往々にして輪タクを「進歩の障害」と見る立場をとっている。残念なことに、この種の軋轢が多くの発展途上国で起こっている［注5］

共交通に頼っている。しかし、自動車社会の進展によって徒歩と自転車利用の機会が急速に失われている。確かに一部の人びとはより自由に動きまわれるようになったが、大半の人びとは移動が困難になり、時には実質的に移動手段を奪われている。このような背景があるので、とりわけ第三世界の急成長都市では、住民に安全で快適な歩行と自転車利用の条件を提供する必要がある。言うまでもないことだが、徒歩と自転車利用の環境整備を貧困層のための一時的対策と考えてはならない。それは生活条件を改善し、持続可能な交通体系を開発するための総合的な先行投資である。こうした交通体系は大気汚染と交通事故を減らし、社会のすべての人びとに安全で快適な移動手段を提供するものでなければならない。また、これらの都市においては、徒歩と自転車利用のための体系を整備することが、有効な公共交通体系を確立するための重要な前提条件になる。

経済成長と生活の質の低下

　一般に、第三世界の急成長都市は多くの共通した特徴を持っている。昔ながらの歩行者と自転車の交通が衰退し、自動車交通が急増して街にあふれ、動きがとれなくなりつつある。多くの都市で、経済成長の徴候と歩調を合わせて生活の質が低下している。特にアジアではこの傾向が顕著である。

　自動車とバイクは果てしない交通混雑のなかで身動きがとれず、誰もが移動により多くの時間をとられるようになり、騒音、大気汚染、交通事故などの問題が日を追って深刻になっている。

　歩行者と勇敢にも自転車を利用しつづけている人たちにとって、状況はずっと前から耐えがたいものになっているが、それを甘受するしかないのが実情である。歩行者は、駐車スペースの脇にわずかに残された歩道があれば、人混みをかき分けてそこを歩き、歩道がなければ籠や鞄や子供を抱えて車の脇を歩く。自転車は自動車のあいだを縫って走る。

　歩道上での手工芸、路上展示、露店、建物の外での調理、小さな青空食堂など、伝統的な屋外アクティビティも苦境に立たされている。駐車場と自動車交通に圧迫されて日常生活の空間が削られ、都市空間を舞台にした屋外活動はどれも騒音と大気汚染と危険に脅かされている。空き地に建物ができ、公園が駐車場に改造され、遊びの機会が失われている。状況は少しずつだが日ごとに悪化している。

　交通の劇的発達は、大半の住民、特に最も貧しい人びとにとって自己表現の機会と生活の質の著しい低下を意味していた。事実に即して、そう断言することができる。

　多くの成長都市では日に日に問題が拡大しているが、それとは対照的に、先見の明を備えた政治家と計画家が緊急問題を解決する新しい方法を模索している都市もある。こうした都市政策の例を見ると大いに勇気づけられる。もちろん彼らも交通問題の解決に鋭意努

数年前まで、ヴェトナムの街では自転車交通が主流だった。しかし、いまではかつての自転車都市をモーターバイクが占領している。自動車やバイクは社会の一部の人びとの移動性を高めたが、街の質にかかわる無数の新しい問題を引き起こしている

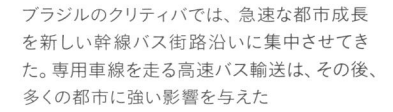

都市成長と交通手段に対する革新的思考：ブラジル・クリティバ

ブラジルのクリティバでは、急速な都市成長を新しい幹線バス街路沿いに集中させてきた。専用車線を走る高速バス輸送は、その後、多くの都市に強い影響を与えた

都市成長と交通手段に対する革新的思考：
ブラジル・クリティバ

力している。しかし、それと同時に経済的可能性、都市の質、生活状態を向上させる総合的政策の一環として、街の質を高め、徒歩と自転車のための機会を改善することに重点的に力を注いでいる。

ここ数十年、多くの都市が新しい地下鉄、鉄道、新型路面電車を建設してきた。しかし、これらの交通網の建設は多額の投資と多くの時間を必要とする。そこで、いくつかの都市が代わりにBRT（高速バス輸送）を採用した。この「ゴムタイヤの地下鉄」は、安価で容易に建設できるうえ、多くの乗客を街のどこにでも迅速かつ快適に運ぶことができるので、とても興味深い。

クリティバは、ブラジル南部で力強い発展をつづけている都市であり、輸送交通の世界で注目すべき開拓者精神を発揮したことで名高い。クリティバの人口は1965年から2000年のあいだに50万から150万に増加し、いまも増えつづけている。都市成長は、1965年以来、都心から手の指のように広がる5本の幹線バス街路沿いに誘導されてきた。これらの街路には専用車線が設けられ、そこを大型バスが運行している。バス停留所は特別に開発された円筒形のプラットフォームで、乗客はすばやく乗降することができる。また、交差点の信号がバス優先になっているので、バスは停止せずに走行することができる。

ジャイメ・レルネル市長が進めた先見的な都市計画には、その他

に2つの重要な要素がある。それはバス利用者のための便利な最短距離の歩行者路とバス街路をつなぐ自転車路である。また、多くの公園が新しく建設され、都心に歩行者専用街路と広場の総合的体系が整備され、急成長都市でありながら自由に使える空間と自己表現の機会がしっかり確保された。クリティバは、経済的課題と人口急増に直面している都市でも、歩行者と自転車交通に適した条件を整え、街の質を総合的に優先整備できることを示してくれた。

街の質と社会的持続可能性に対する革新的思考：
コロンビア・ボゴタ

南米コロンビアのボゴタは人口600万の都市であり、1995年以来、注目すべき都市計画を実施している。特に1998年から2001年にかけて、エンリケ・ペニャロサ市長のもとで街の質の改善が優先的に進められた。ボゴタでは自動車所有者は住民の20パーセントにすぎないが、長年にわたって自動車交通を改善するために膨大な交通

コロンビアのボゴタは、1999年に大がかりな高速バス輸送システムを導入した。クリティバと同様に、ボゴタのトランスミレニオバスは専用バス車線を走行し、渋滞した道路を走るマイカーよりずっと速く乗客を運ぶことができる

第6章 第三世界の街　229

街の質と社会的持続可能性に対する革新的思考：コロンビア・ボゴタ

ボゴタにおける都市再生の重要な要素は、歩行者と自転車利用者が置かれた状態を改善することだった。街の多くの街路で歩道が改良され、街なかの緑地帯だけでなく新しい住宅地区とのあいだにも新たに歩行者と自転車のための専用路が設けられた

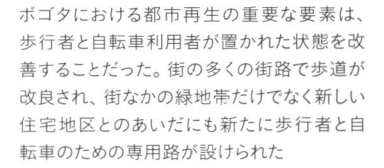

予算が投入されていた。
　しかし、1998年に優先順位が変更され、残り80パーセントの住民の移動性と生活状態を改善することに重点が置かれるようになった。自動車を持たない住民に必要なのは、歩き、自転車に乗り、効率のよい公共交通手段を利用して街を動きまわれることだった。
　こうして歩行者と自転車交通の条件を改善する計画が実行に移された。歩道は長年のあいだ駐車場の代わりに使われていたが、そこから自動車が一掃され、大々的な改修が行われた。また、全長330キロに及ぶ新しい自転車路が建設された。自転車は実用的で安価な交通手段であり、都市の最貧地区に住む人びとに移動の足を提供するものと考えられた。新しい住宅地区を建設する際には、当然のことながら、自動車交通のための道路より前に歩行者と自転車のための道が整備された。

クリティバと同様に、ボゴタの全体計画の要は専用車線を走るBRTのバス路線網を都市全域に張りめぐらすことだった。このバス体系はトランスミレニオ（千年紀横断）と呼ばれ、2000年前後に導入されると街なかの移動時間を劇的に短縮した。全体計画の目的は、最も恵まれない人びとの状態と移動性を改善することによって、都市の経済的・社会的発展を支援することだった。歩いたり自転車に乗ったりするのが容易になり、公共交通機関を利用して迅速に移動できるようになれば、街のどこにでも職場を得やすくなると考えられた。トランスミレニオのバスは、交通渋滞を横目に平均時速29.1キロで走り、毎日140万人に利用されている。これらの乗客が移動に費やす時間は、従来に比べて年間で平均300時間短縮され、それをもっと効率的な仕事や家族団欒に使えるようになった。

　全体計画は余暇面にも気を配っている。わずか数年のあいだに

ボゴタの「シクロビア」。毎週日曜日7時〜14時の時間帯、市内の延長120キロの街路が自動車通行禁止になり、自転車と歩行者に開放される。シクロビアは年とともに盛んになり、通常の日曜日でも100万人以上の人びとが街路に出て、歩き、自転車に乗り、集い、あいさつを交わしている

第6章 第三世界の街　　231

900の新しい公園と広場が建設された。特に住まいが狭く、自由に使える空間への需要が大きな人口密集地区で、重点的に公園と広場の整備が進められた［注6］。

　都市改善と社会計画を推進したクリティバとボゴタの例は、発展途上国でも先進国でも、大都市の都市計画家に大きな刺激を与えてきた。特にBRTバス交通網を優先させる考え方は、ジャカルタ、グアテマラシティ、広州、イスタンブール、メキシコシティ、ブリズベーン、ロサンゼルスなど、多くの都市で導入され、いっそうの発展を遂げた。

　ボゴタが始めたもうひとつの独創的な取り組みは、シクロビアと呼ばれる週末の自転車専用街路である。この着想はいまや世界中に支持者を得ており、多くの都市で採用されている。週末に中心街の交通量が減るところでは、シクロビアに倣って日曜日の街路から自動車を締めだし、自転車専用街路や遊び場に利用している。そこでは住民が新鮮な空気を味わい、運動をし、子供に自転車を教え、街を自転車で走る楽しみを満喫することができる。ボゴタでは毎週日曜日の午前中、総延長120キロの街路が自動車通行禁止になる。最近のシクロビアは、毎週100万人以上が参加する一種の路上パーティに成長してきた。

　近年は他の多くの都市もこの着想を採用し、週末に都心の街路を歩行者と自転車専用の街路にしている。2008年にはニューヨークが同市初の「サマーストリート」を導入し、自転車文化を育てようとしている。他の多くの米国都市も、その跡を追って同様の取り組

人種隔離政策時代の南アフリカでは、非白人は市外の指定居住区に追いやられていた。こうした居住区は、ケープタウン郊外のこの例に見られるように人口密度が高く、建物の質が劣悪で、絶望的な貧困に支配されていた

黒人居住区の状態を改善するのは最優先の政治課題である。日常活動に使われている公共空間が、改善を迅速に普及させるためのわかりやすい舞台として選定された（南アフリカ・ケープタウン）

みに着手している。

南アフリカ・ケープタウンの「尊厳の場計画」

　第三世界の都市では、大規模な都市改善のために長い時間と多額の財源を必要としている例が多い。このような場所で大切なことは、あまり費用のかからない小さな事業を迅速に実行して、日常生活を支え、人びとを鼓舞し、個々の住宅地区における取り組みの口火を切ることである。南アフリカのケープタウンでは、建築家バーバラ・サウスワースのもとに多くの都市計画家が集まり、2000年から「尊厳の場計画」運動を展開しているが、その背景にあるのはこうした考えである。

　南アフリカでは1994年に人種隔離制度が廃止され、民主制への移行が行われた。その結果、多くの貧しい黒人居住区で住民の生活の質を改善する大がかりな運動が開始されたが、財源が乏しく、少数の限られた改善事業しか実施できなかった。最優先されたのは、貧しい地区に上下水道を建設することと、質の高い都市空間を整備する事業を立ちあげることだった。

　黒人居住区の特色のひとつは、学校、バス停留所、交差点、体育館などの前に空間があり、人びとの交流拠点や都市空間として使われていることだった。これらの都市空間の多くは境界のはっきりしない空き地で、放置されていて埃っぽく、設備や造園もほどこされていなかったが、人びとが頻繁に足を運ぶ重要な出会いの場所だった。コミュニティ活動の要をなす場所と言ってよい。この空間の改善は日常活動の枠組みを改善することにつながり、長い抑圧の時代が終わり、再び公共の都市空間に集まり、意見を述べあえるようになったことを多くの人にはっきり示すことができる。

南アフリカ・ケープタウンの「尊厳の場計画」

ケープタウン・ランガのグガステーベ芸術センター

ケープタウン・フィリッピのランズダウンコーナー計画。列柱廊は日陰をつくり、市場の商人に場所を指定する役割を果たしている

フィリッピ駅前の新しい公共空間。広場沿いの市場屋台が近隣住民と鉄道利用者に便宜を図っている（南アフリカ・ケープタウン）

地元の芸術家や職人の幅広い参加を得て、これまでに40以上の都市空間整備事業を実施し、それぞれの地区で尊厳と美と実用性を併せて実現している。都市空間はどれもそれぞれの敷地に合わせてデザインされているが、良質なファニチュアと舗装、木陰をつくる樹木、露天商人が屋台を出すための柱廊を備えている点は共通している。また、これらの空間の外周には改造したコンテナが置かれていて、そこにも商人が店を出している。こうした外周壁には、将来、新しい広場を囲むサービス施設が組み込まれる予定である[注7]。

人間の集住の歴史を見ると、いつでもよく利用される道と敷地のまわりから発展が始まった。そして商人のための屋台ができ、建物が建ち、やがてもっと複雑な都市建設が行われた。都市はアクティビティと要になる都市空間から出発した。ケープタウンも例外ではない。そこでは、こうした原則に従って、いまも貧しい地区の改善計画が継続されている。尊厳と出会いの場所が特に必要とされているところに「尊厳の場」をつくるのは、確かに適切な出発点である。そして、人びとを勇気づける先駆的戦略である。

適度な努力が多大な報酬を生む

世界で最大級かつ最貧の都市における急激な都市成長は、どこでも巨大で複雑な問題を発生させている。住宅、職場、健康、交通機関、教育、公共設備が必要とされている。公害を防ぎ、ごみを除去し、生活状態を総合的に改善しなければならない。

短い期間に限られた資金で多方面の問題に対処するためには、都市開発事業のなかに人間的次元の都市計画を入念に組み込むことが、他の努力に劣らず大切である。

経済成長とともに多くの人びとが自動車やバイクを所有したいと望むのは当然であり、その気持ちは尊重しなければならない。しかし、徒歩や自転車といった昔ながらの移動手段を犠牲にして自動車交通を促進すべきではない。経済先進地域の多くの都市、特にデンマークとオランダには、自動車交通と徒歩交通を共存させているよい例がある。第三世界の都市では、こうした街路利用の適切な共存が先進諸国の都市以上に緊急の課題になっている。人間的次元を整備するのに必要な財源は、他の分野の投資に比べて微々たるものである。

最も大切なのは、すべての都市開発事業に人間的次元を組み込むことを尊重し、配慮することであり、それをはっきり示すことだろう。そうすれば少ない資金でも、多くの新住民の生活状態、幸福、尊厳を劇的に改善することができる。

思慮、心遣い、共感こそが最も重要な要素である。

市民による市民のための街

6.2 人間の次元
――世界共通の出発点

世界はひとつ
――問題と解決に関して

　世界のさまざまな地域、また経済発展の段階が異なる地域において都市が抱えている問題は同じではないが、都市計画における人間的次元の問題に関してはほとんど違いがない。どこでも過去50年のあいだ、都市開発の場で人間的次元が著しく軽視されてきた。

　経済先進地域の都市では、近代都市計画の観念的理論と急速な自動車普及が軽視の大きな要因だった。また、かつて街のアクティビティは伝統の一部であり、改めて配慮する必要のないものだったが、いまでは注意深い計画によって積極的に支援しなければ保つことができなくなっているのに、その切り替えができなかったことも軽視の原因だった。一方、第三世界の急成長都市では、人口増加、経済的機会の拡大、交通の爆発的発達が都市の街路に途方もない問題を引き起こした。

　経済的先進国の一部では、人間的次元の軽視によって街のアクティビティが消滅の危機に瀕した。これに対して、多くの経済発展途上国では、開発の圧力によって街のアクティビティがきびしい逆境に追い込まれている。どちらの場合も、街のアクティビティを存続させるには、人びとが歩き、自転車に乗り、街の屋外空間を利用するのに適した条件を整えるきめ細かい取り組みが必要である。

すべては基本的に
人間尊重の問題である

　問題の核心は人間と尊厳への敬意、アクティビティと出会いの場所としての街に対する熱い想いである。この領域に関しては、世界のさまざまな地域における人びとの夢と願望に大きな差はない。この問題を扱う方法も驚くほど似通っている。なぜなら、すべては人間に帰着し、その基本的出発点が共通しているからである。人は誰もが歩き、感覚器官を備え、移動の自由を持ち、共通の基本的行動パターンをとる。都市計画は人間から出発しなければならない。これからは、その要請が現在よりはるかに大きくなるだろう。人間のための街づくりは21世紀の課題に応える必要不可欠な政策であり、多額の資金がなくても簡単に実行できる健康的で持続可能な取り組みである。いまや世界のあらゆる場所で、都市計画に人間的次元を取り戻す絶好の機会を迎えている。

「よい建築家であるためには人を愛しなさい」

建築家ラルフ・アースキンは2000年に取材を受けたとき、よい建築家になるためには何が必要かと質問されて次のように答えた。「よい建築家であるためには人を愛することが必要です。なぜなら建築は応用芸術であり、人びとが生活するための枠組みをつくるものだからです[注8]」。きわめて単純な真理である。

道具箱

人びとと出来事を集中させるきめ細かい配慮も、新市街地で街のアクティビティを発展させるための重要な前提条件である（スウェーデン・マルメのボー01［2001年］）

計画の原則──集中か分散か

　人間の次元を守って取り組みを進めるうえで必須の前提条件になる一般的な都市計画原則がいくつかある。ここでは、こうした原則のうちから5つを選んで説明を加える。最初の4つの原則は主に量的な問題を扱っており、街に人びとと出来事を集める方法に関するものである。5番目の原則は、都市空間の質を改善し、人びとが街で過ごす時間を長くするためのものである。

1. 街の機能を注意深く配置して、機能間の距離をできるだけ短くし、人びとと出来事が臨界量に達するようにする。
2. 街のさまざまな機能を統合して、それぞれの地区が多様性、豊かな経験、社会的な持続可能性、安心感を提供できるようにする。
3. 都市空間を注意深くデザインして、歩行者と自転車が利用しやすい安全な街をつくる。
4. 街と建物のあいだのエッジを開放して、建物内のアクティビティと都市空間のアクティビティを一体化させる。
5. 誘引を強化して、人びとが都市空間で長い時間を過ごすようにする。少数の人でもその場所で長い時間を過ごせば、多くの人が短い時間しか過ごさない場合と比べて、遜色のない活気を空間に与えることができる。長時間の滞留を促進する方法は、街のアクティビティを強化するさまざまな原則や方法のなかで最も簡単で効果が大きい。

計画の原則──集中か分散か

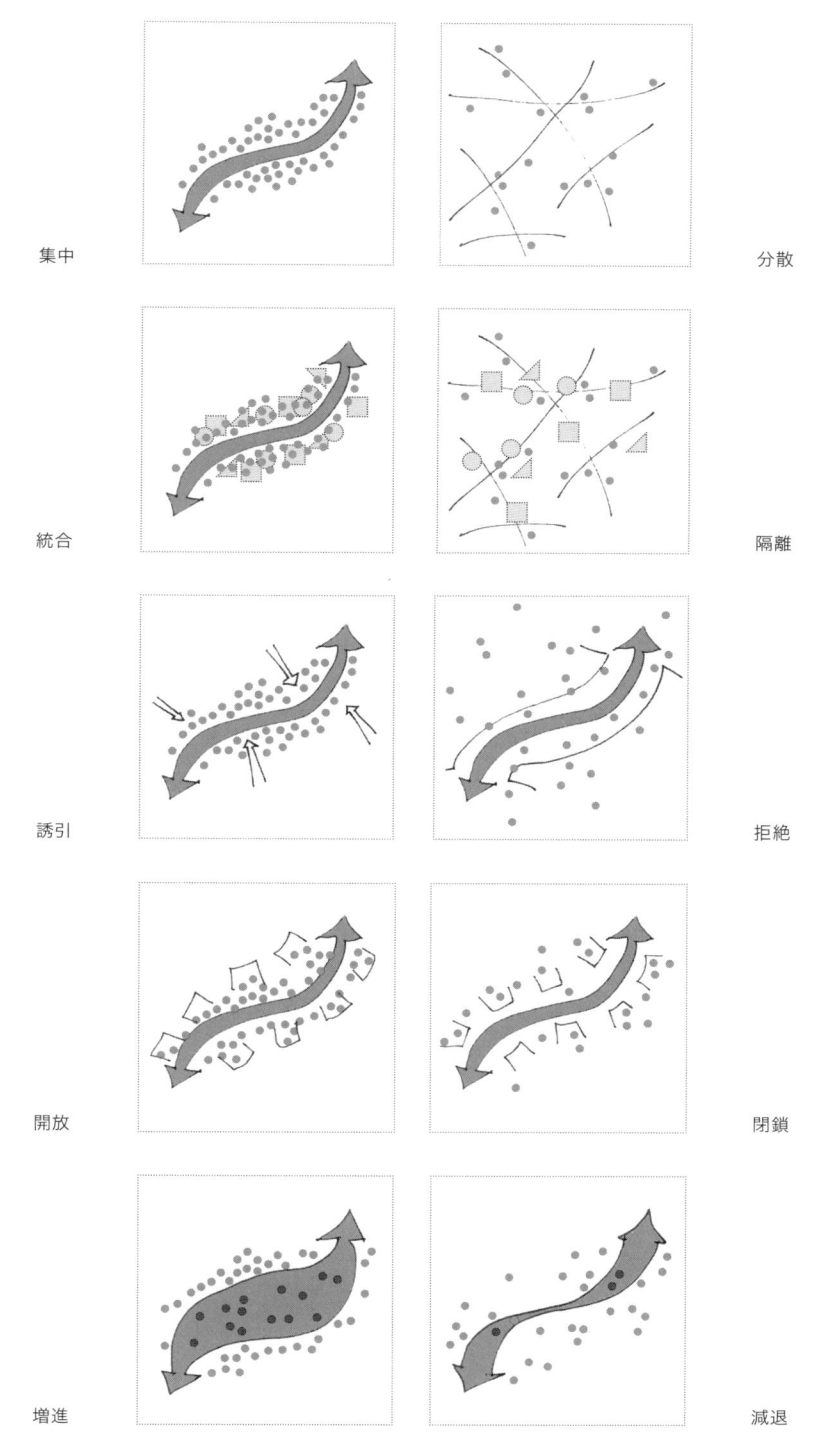

集中	分散
統合	隔離
誘引	拒絶
開放	閉鎖
増進	減退

出典：Jan Gehl, *Life Between Buildings* (1971), 6th edition, The Danish Architectural Press, 2006
（北原理雄訳『建物のあいだのアクティビティ』鹿島出版会、2011年）をもとにゲール事務所が改訂

道具箱

英国ブライトンのニューロードは、2007年に歩行者優先街路に改造された。現在、この街路は多種多様な活動に使われており、以前に比べて大幅に利用者が増加した（23ページ参照）

交通計画の4原則

　1960年代から70年代、自動車の都市侵入が加速していたころは、基本的に自動車街路と歩行者街路の2種類の街路しか存在していなかった。この時代、多くの新市街地では、自動車交通と歩行者・自転車交通を完全に分離した交通体系の理念に基づいて道路網が建設されていた。この理念は理論的には完璧だが、実施には問題を抱えていた。なぜなら、歩行者や自転車は最短経路を選ぶのが通例だったからである。さらに、分離された歩行者路網は、夕方や夜間に安全面と防犯面でしばしば問題を引き起こした。

　その後、第一次石油危機が交通量の増大を劇的に低下させた1970年代を中心に、もっと多様な交通対策を模索しようとする気運が高まった。オランダのボンエルフを皮切りに、歩車共存街路の開発が始まり、ヨーロッパ全域に急速に普及した。1970年代には自動車交通抑制策が流行し、静穏化街路や遊び場街路が登場した。新しい種類の街路は交通速度を抑制し、あらゆる種類の交通にとって利用しやすく安全な街路を生みだした。

　近年は交通再編と交通共存の理念が世界中にさらに広く普及している。最も新しい街路の種類は共用街路である。これは、歩行者に明確な第一優先権を与える街路になれば、うまく役立つだろう。

交通計画の4原則

カリフォルニア州ロサンゼルス
高速交通の原則に合わせた交通統合。安全性の低い直線的で単純な交通体系。この街路を使いこなすことができるのは実質的に自動車交通だけである

ニュージャージー州ラドバーン
1928年にラドバーンで導入された交通分離システム。並走するたくさんの車道と歩道、高価な歩行者用トンネルを多用した複雑で費用のかかるシステム。このシステムは、理論上は交通の安全を改善するはずだが、調査の結果、歩行者が安全な経路より最短経路を選ぶため、実際にはあまり役に立っていないことが明らかになった

オランダ・デルフト
1969年にデルフトで導入された低速交通に合わせた交通統合。ボンエルフ（生活の庭）と呼ばれる。単純明快かつ安全なシステムであり、街路を貴重な公共空間として維持することができる。建物のそばまで自動車を乗り入れる必要があるときには、明らかに歩行者優先の交通統合が最善のシステムである

イタリア・ヴェネツィア
歩行者の街。街や地区の境界で高速から低速の交通に切り替える。他の交通体系に比べて、はるかに高い安全性と安心感を備えた単純かつ明快なシステム

出典：Jan Gehl, *Life Between Buildings*（1971）, 6th edition, The Danish Architectural Press, 2006（北原理雄訳『建物のあいだのアクティビティ』鹿島出版会、2011年）をもとにゲール事務所が改訂

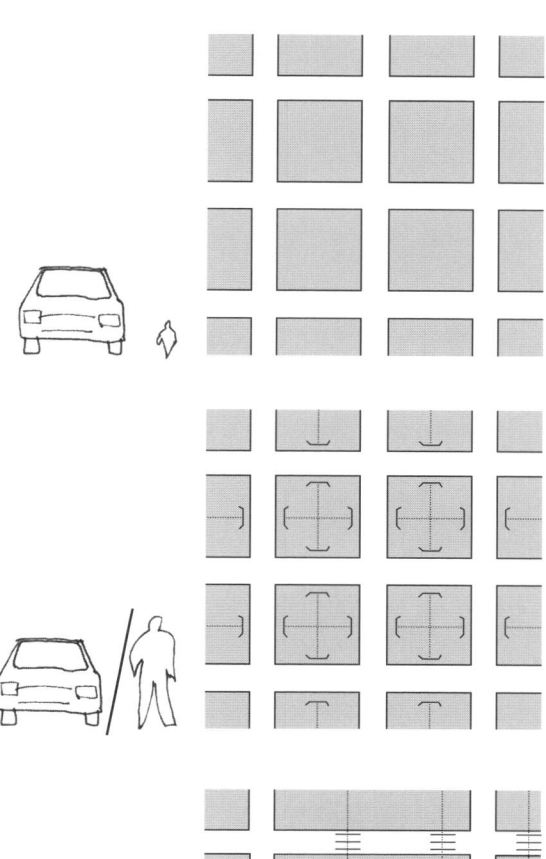

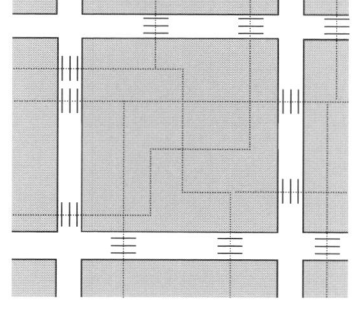

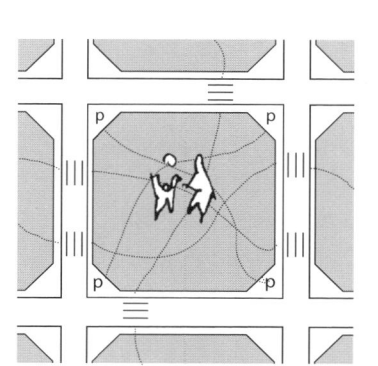

道具箱

見通しのよい眺め、近い距離、ゆっくり見交わすことのできる移動——街のアクティビティを体験するうえで、これ以上の条件があるだろうか(オスロ・カールヨハン通りの歩道風景)

誘引か拒絶か——目と耳のふれあい

　第1章で、控えめな目と耳のふれあいに着目し、公共空間で人びとが行うふれあいのなかで最も一般的で重要なものであると強調した。どのような状況のもとでも、他の人びとを眺め、耳を傾けることによって、情報、全体像、着想を得ることができる。それは出発点であり、もっと幅広いふれあいがすべて見ることと聞くことから始まる。

　第2章では、進化の歴史を通じて、人間が直線的で、正面性が強く、水平的な、時速5キロの生き物であることを説明した。これが人間の感覚器官の進化の出発点であり、人間の感覚の能力と働きの出発点である。感覚は、人間どうしの相互作用に大きな影響を与えている。

　このことを念頭に置いておけば、基本的な目と耳のふれあいを誘引し、あるいは拒絶するのに、物的計画をどのように使えばよいか簡単に理解することができる。

　誘引には、見通し、短い距離、低速、同じ高さ、向かいあった位置が必要である。

　これらの前提条件をよく見ると、古くからある歩行者中心の街や生き生きした歩行者街路に同じ物的構造が見られることに気づくだろう。

　一方、見通しの悪さ、長い距離、高速、複数階にまたがる配置、背を向けた位置は、他の人びとを見たり聞いたりするのを妨げる。

　これらの前提条件をよく見ると、多くの新しい市街地、住宅地区、郊外地区に同じ物的構造が見られることに気づくだろう。

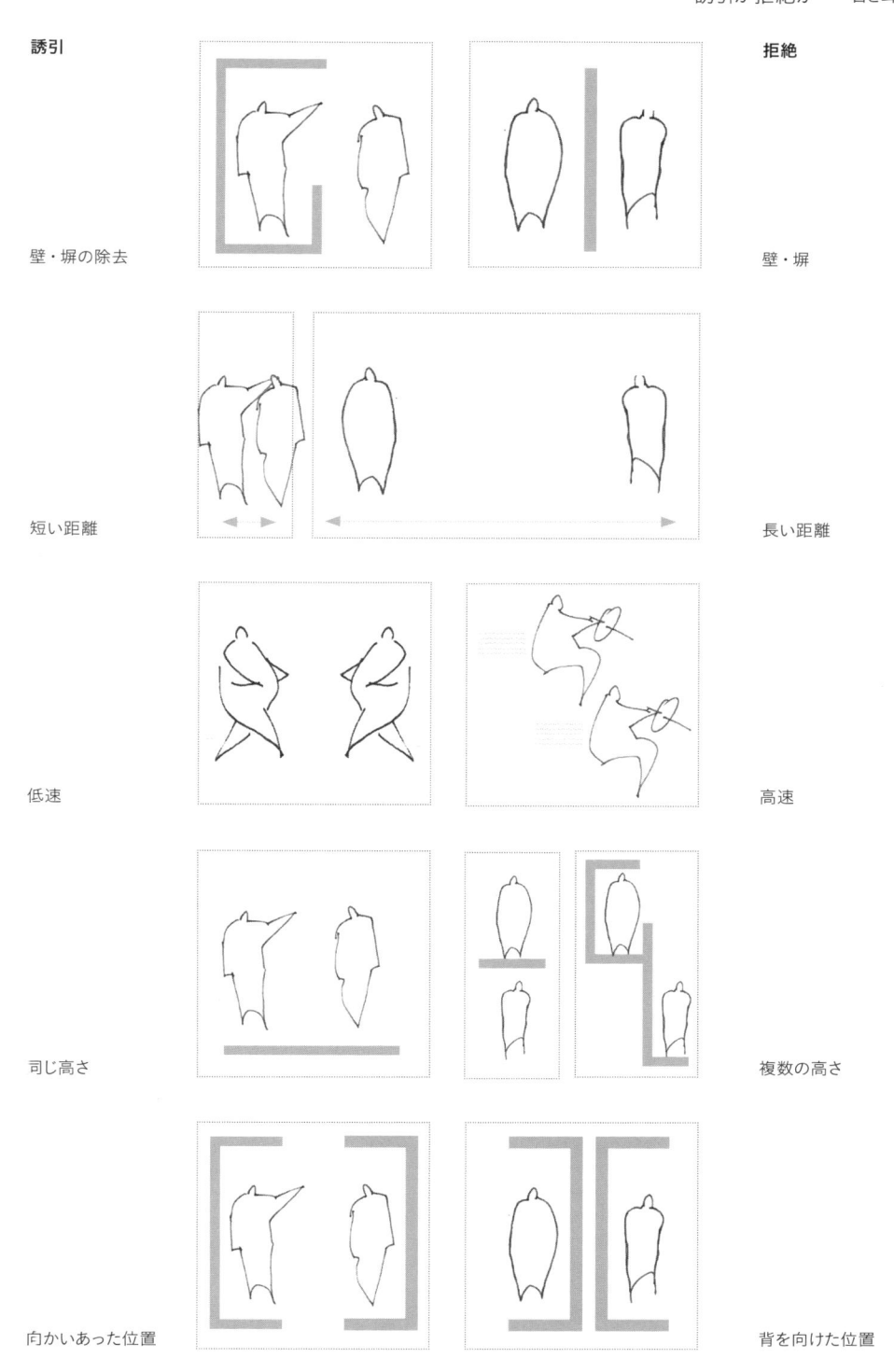

誘引か拒絶か──目と耳のふれあい

誘引　　　　　　　　　　　　　　　　　　　　　　　　　　　　　**拒絶**

壁・塀の除去　　　　　　　　　　　　　　　　　　　　　　　　　　　壁・塀

短い距離　　　　　　　　　　　　　　　　　　　　　　　　　　　　　長い距離

低速　　　　　　　　　　　　　　　　　　　　　　　　　　　　　　　高速

同じ高さ　　　　　　　　　　　　　　　　　　　　　　　　　　　　　複数の高さ

向かいあった位置　　　　　　　　　　　　　　　　　　　　　　　　　背を向けた位置

出典：Jan Gehl, *Life Between Buildings*（1971）, 6th edition, The Danish Architectural Press, 2006
（北原理雄訳『建物のあいだのアクティビティ』鹿島出版会、2011年）

道具箱　245

世界で最もよく機能している都市空間を詳細に観察すると、本質的な質的基準のすべてが的確に尊重されていることがわかる（シエナのカンポ広場）

目の高さの街——12の質的基準

　目の高さの街は第4章のテーマである。そこでは重要な質的基準に体系的に目を通した。

　まず決定的に重要なのは、個別の検討を始める前に、危険、傷害、犯罪、不快感などに対して適切な防止策を講じることである。気候の好ましくない影響にも配慮が必要である。こうした大きな問題の防止策がひとつでも欠けていたら、他の特質を保護する対策が無意味になりかねない。

　次の段階で必要なのは、快適な空間を提供し、歩く、立ち止まる、座る、見る、話す、聞く、自己を表現するなど、公共空間利用の基礎になる最も重要な活動に人びとを誘引することである。最適な都市空間をつくるためには、昼と夜の状況だけでなく、四季それぞれの状況を十分に考慮して取り組みを進める必要がある。

　その場所の特徴を活かすには、適切な人間的スケールを守り、その地域の気候の長所を楽しむ機会を提供し、さらに美的体験と快適な知覚効果を用意する必要がある。すぐれた建築とデザインは12番目の基準と関わりが深い。この基準は他のすべての基準を包括する概念である。したがって、建築とデザインを他の基準と切り離して扱うことはできない。この点を忘れてはならない。

　世界で最も美しく、よく機能している都市空間は、ここで言及したすべての質的因子にきめ細かく総合的に対応している。どれも軽視してはならない。これは興味深く示唆に富む事実である。

キーワード表：歩行者景観に関する12の質的基準

保護	**交通と事故からの保護——安全** ・歩行者の保護 ・交通不安の除去	**犯罪と暴力からの保護——治安** ・活気ある公共領域 ・街路に注がれる眼差し ・昼夜を通じて展開する機能 ・適切な照明	**不快な感覚体験からの保護** ・風 ・雨／雪 ・寒さ／暑さ ・汚染 ・埃、騒音、照り返し
快適性	**歩く機会** ・歩くためのスペース ・障害物の除去 ・良好な路面 ・万人への開放 ・興味深いファサード	**たたずみ／滞留する機会** ・エッジ効果／たたずみ／滞留するための魅力的なゾーン ・たたずむための拠り所	**座る機会** ・着座のためのゾーン ・利点の活用：眺望、日照、人びとの存在 ・座るのに適した場所 ・休憩のためのベンチ
快適性	**眺める機会** ・適度な観察距離 ・遮断されない視線 ・興味深い眺め ・照明（夜間）	**会話の機会** ・低い騒音レベル ・「会話景観」をつくりだすストリートファニチュア	**遊びと運動の機会** ・創造性、身体活動、運動、遊びの促進 ・昼も夜も ・夏も冬も
喜び	**スケール** ・人間的スケールで設計された建物と空間	**良好な気候を楽しむ機会** ・日向／日陰 ・暖かさ／涼しさ ・そよ風	**良好な感覚体験** ・良質なデザインとディテール ・良質な素材 ・すばらしい眺め ・樹木、植物、水

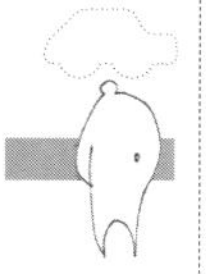

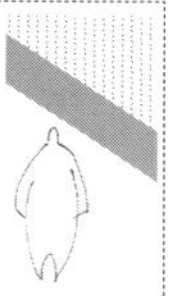

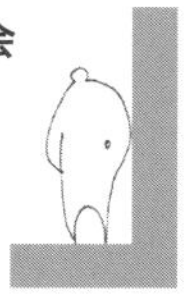

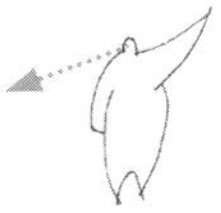

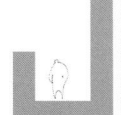

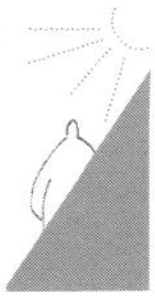

出典：Gehl, Gemzøe, Kirknæs, Søndergaard, *New City Life*, The Danish Architectural Press, 2006をもとにゲール事務所が改訂

目の高さの街──1階のデザイン

　第3章では、街のアクティビティ強化に関する情報を整理し、街の魅力と機能性にとって1階が重要な役割を果たすことを強調した。そこは建物と街の交流ゾーンであり、内外のアクティビティが出会う場所であり、歩行者がそばを通り、道すがらいろいろな体験を楽しむ場所である。

　ここ数十年、1階のデザインは、建物の大規模化、多くの閉鎖的ファサード、不透明な窓、ディテールの欠落などのかたちで逆境に立たされてきた。

　こうした開発は、街の多くの街路から行きずりの歩行者を排除し、街路のアクティビティを奪い、夜間の不安感を増大させてきた。

　スウェーデンのストックホルムは、こうした認識を念頭に置いて1990年に大規模な都市再生事業に着手し、1階の記録作成と5段階評価を行った。それによって改善が必要な区域と街路の概要を把握することができた（89ページ参照）。この種の記録作成は、都市や地区の比較に利用することができ、また特に重要性の高い街路沿いの1階を魅力的に改善する積極的政策の出発点にもなる（86ページ参照）。

　近年は、多くの都市が1階の魅力度を記録・評価する方法を採用し、都市空間の質を維持し発展させる取り組みの重要な手段にしている。

A―活動的
小さな単位、多くの戸口（100メートルあたり15〜20の戸口）
多様な機能
閉鎖的建物が皆無で不活発な建物がほとんどない
個性的な陰影に富むファサード
主として垂直に分節されたファサード
良質なディテールと素材

B―友好的
比較的小さな単位（100メートルあたり10〜14の戸口）
比較的多様な機能
閉鎖的で不活発な建物がほとんどない
陰影に富むファサード
多くのディテール

C―混合
大小の単位が混在（100メートルあたり6〜10の戸口）
ある程度多様な機能
一部に閉鎖的で不活発な建物
ある程度陰影のあるファサード
わずかなディテール

D―退屈
大きな単位、わずかな戸口（100メートルあたり2〜5の戸口）
ほとんど多様性のない機能
多くの閉鎖的で不活発な建物
ディテールがわずかか皆無

E―不活発
大きな単位、戸口がわずかか皆無（100メートルあたり0〜2の戸口）
多様性の見られない機能
閉鎖的で不活発な建物
画一的ファサード、ディテールの欠如、見るべきものなし

出典：*Close Encounters with Buildings, Urban Design International*, no.1, 2006をもとにゲール事務所が改訂

✕ 一方通行街路：交通容量と走行速度を高めることはできるが、騒々しく強引な交通環境をもたらす（ニューヨーク）

○ ……それとも、自動車路と自転車路をそれぞれ2車線、両側に並木のある歩道、中央に分離帯を備えた対面通行街路：より魅力的で安全な街路（コペンハーゲンの街路整備）

優先順位の再編を

　長年にわたって自動車交通が劇的に増加しつづけてきた。その間、有能な交通技術者は街路の交通容量を増やす方法の開発に努力してきた。このページと次の3ページには、車両交通のための空間を増やす工夫が紹介されている。これらの工夫すべてに共通する問題点は、それが街を歩く人びとの状態を一貫して悪化させてきたことである。
　都市計画家が人間の次元を受け入れるためには、長年にわたって彼らを導いてきた容量中心の交通思想を見直す必要がある。従来の方法が引き起こした問題には、それぞれに対応する歩行者中心の適切な解決法がある。それらも写真で紹介しておく。
　いまが優先順位を再編する好機である。

× 〇

歩道上の障害物
アルゼンチン・コルドバ

……それとも、
ゆとりある歩行体験
ラトビア・リガ

狭い歩道
ロンドン

……それとも、
もっと平等な空間配分
コペンハーゲン

道路横断の手続き
オーストラリア・シドニー

……それとも、
ていねいな告知
コペンハーゲン

横断をせかせるように
点滅する赤信号
ニューヨーク

……それとも、
ていねいな告知
コペンハーゲン

道具箱　251

×	〇
長い待ち時間 東京	……それとも、 ほどよい待ち時間 コペンハーゲン
歩道沿いのガードレール ロンドン	……それとも、 歩行者心理の尊重 ロンドンのケンジントン
歩道橋 名古屋	……それとも、 まっすぐな平面横断 コペンハーゲン
横断地下道 スイス・チューリヒ（以前）	……それとも、 まっすぐな平面横断 スイス・チューリヒ（現在）
飛び石状の安全地帯 オーストラリア・シドニー	……それとも、 中断のない横断歩道 コペンハーゲン

×

脇道で中断された歩道
ロンドン

**私設車道や配送車の
出入口で中断された歩道**
ロンドン

まぎらわしい「左折レーン」
オーストラリア・シドニー

**障害物競走のような
横断歩道**
ロンドン

**交差点の角から離れた
横断歩道**
スペイン・ビルバオ（以前）

○

……それとも、
中断のない歩道と自転車路
コペンハーゲン

……それとも、
中断のない歩道
コペンハーゲン

……それとも、
簡潔な交差点
オーストラリア・ブリズベーン

……それとも、
簡潔な横断歩道
コペンハーゲン

……それとも、
歩行者心理の尊重
スペイン・ビルバオ（現在）

出典：ゲール事務所が独自に作成した資料

道具箱　253

注釈

参考文献

図版出典

訳者あとがき

索引

注 釈

第 1 章

1 Jane Jacobs, *The Death and Life of Great American Cities* (New York: Random House, 1961). 邦訳：ジェイン・ジェイコブズ著、山形浩生訳『アメリカ大都市の死と生』鹿島出版会、2010

2 Le Corbusier, *Propos d'urbanisme* (Paris: Éditions Bouveillier et Cie, 1946). 英語版: Le Corbusier, Clive Entwistle, *Concerning Town Planning* (New Haven: Yale University Press, 1948).

3 The City of New York and Mayor Michael R. Bloomberg, *Plan NYC. A Greener, Greater New York* (New York: The City of New York, 2007).

4 New York City Department of Transportation, *World Class Streets: Remaking New York City's Public Realm* (New York: New York City Department of Transportation, 2009).

5 Mayor of London, Transport for London, *Central London. Congestion Charging. Impacts Monitoring. Sixth Annual Report, July 2008* (London: Transport for London, 2008).

6 City of Copenhagen, *Copenhagen City of Cyclists — Bicycle Account 2008* (Copenhagen: City of Copenhagen, 2009).

7 市内に通勤・通学しているコペンハーゲン市民の自転車利用率は55パーセントである：同上書: p.8.

8 Mayor of London, Transport of London, *Central London. Congestion Charging. Impacts Monitoring. Sixth Annual Report, July 2008* (London: Transport for London, 2008).

9 City of Copenhagen, *Copenhagen City of Cyclists — Bicycle Account 2008* (Copenhagen: City of Copenhagen, 2009).

10 Jan Gehl and Lars Gemzøe, *Public Spaces Public Life, Copenhagen*, 3rd ed. (Copenhagen: The Danish Architectural Press and The Royal Danish Academy of Fine Arts School of Architecture Publishers, 2004): p.59.

11 Jan Gehl, Lars Gemzøe, Sia Kirknæs, Britt Sternhagen, *New City Life* (Copenhagen: The Danish Architectural Press, 2006).

12 1968年調査：Jan Gehl, "Mennesker til fods," *Arkitekten*, no. 20 (1968): pp.429-446. 1986年調査：Karin Bergdahl, Jan Gehl, Aase Steensen, "Byliv 1986. Bylivet i Københavns indre by brugsmønstre og udviklingsmønstre 1968–1986," *Arkitekten*, special ed. no. 12 (1987); 1995年調査：Jan Gehl and Lars Gemzøe, *Public Spaces Public Life, Copenhagen*, 3rd ed. (Copenhagen: The Danish Architectural Press and The Royal Danish Academy of Fine Arts School of Architecture Publishers, 2004); Jan Gehl, Lars Gemzøe, Sia Kirknæs, Britt Sternhagen, *New City Life* (Copenhagen: The Danish Architectural Press, 2006).

13 City of Melbourne and Gehl Architects, *Places for People* (Melbourne: City of Melbourne, 2004).

14 Gehl Architectsの未刊行資料
15 City of Melbourne and Gehl Architects, *Places for People* (Melbourne: City of Melbourne, 2004).
16 同上書
17 Jan Gehl, "Public Spaces for a Changing Public Life," *Topos: European Landscape Magazine*, no. 61 (2007): pp.16 - 22.
18 同上書
19 Jan Gehl, *Life Between Buildings* (Copenhagen: Danish Architectural Press, 1971).（ヤン・ゲール著、北原理雄訳『建物のあいだのアクティビティ』鹿島出版会、2011）による「建物のあいだのアクティビティ」の定義
20 The City of New York and Mayor Michael R. Bloomberg, *Plan NYC: A Greener, Greater New York* (New York: The City of New York, 2007).
21 Gehl Architectsの未刊行資料
22 Carolyne Larrington, trans., *The Poetic Edda* (Oxford: Oxford University Press, 1996).
23 Jan Gehl and Lars Gemzøe, *Public Spaces Public Life, Copenhagen*, 3rd ed. (Copenhagen: The Danish Architectural Press and The Royal Danish Academy of Fine Arts School of Architecture Publishers, 2004).
24 Jane Jacobs, *The Death and Life of Great American Cities* (New York: Random House, 1961). 邦訳：ジェイン・ジェイコブズ著、山形浩生訳『アメリカ大都市の死と生』鹿島出版会、2010
25 Statistics Denmark, 2009 numbers, statistikbanken.dk.

第 2 章

1 Edward T. Hall, *The Silent Language* (New York: Anchor Books/Doubleday (1973). 邦訳：エドワード・ホール著、國弘正雄訳『沈黙のことば』南雲堂、1966。Edward T. Hall, *The Hidden Dimension* (Garden City, New York: Doubleday, 1990. Originally published 1966). 邦訳：エドワード・ホール著、日高敏隆、佐藤信行訳『かくれた次元』みすず書房、1970
2 Edward T. Hall, *The Hidden Dimension* (Garden City, New York: Doubleday, 1990). 邦訳『かくれた次元』みすず書房、1970。Jan Gehl, *Life Between Buildings* (Copenhagen: Danish Architectural Press, 1971): pp.63 - 72. 邦訳：ヤン・ゲール著、北原理雄訳『建物のあいだのアクティビティ』鹿島出版会、2011: pp.89 - 104
3 Jan Gehl, *Life Between Buildings* (Copenhagen: The Danish Architectural Press, 1971): pp.64 - 67. 邦訳『建物のあいだのアクティビティ』鹿島出版会、2011: pp.92 - 98
4 同上書
5 Allan R. Tilley and Henry Dreyfuss Associates, *The Measure of Man and Woman. Human Factors in Design*, revised edition (New York: John Wiley & Sons, 2002).
6 同上書
7 48ページの実験写真を参照のこと。
8 Jan Gehl, *Life Between Buildings* (Copenhagen: Danish Architectural Press, 1971): pp.69 - 72. 邦訳『建物のあいだのアクティビティ』鹿島出版会、2011、pp.98 -104
9 Edward T. Hall, *The Hidden Dimension* (Garden City, New York: Doubleday, 1990). 邦訳『かくれた次元』みすず書房、1970

10 同上書

第 3 章

1 デンマーク王立芸術大学建築学部のボー・グレンルンドから得た情報に基づく概算値
2 この点については次の文献を参照のこと：Camilla Richter-Friis van Deurs, *uderum udeliv* (Copenhagen: The Royal Danish Academy of Fine Arts School of Architecture, 2010); Jan Gehl, "Soft Edges in Residential Streets," *Scandinavian Housing and Planning Research* 3 (1986): pp.89 – 102.
3 Jan Gehl, "Mennesker til fods," *Arkitekten*, no. 20 (1968). 2008年に行われた同様の調査においても、これらの数値が再確認されている
4 Jan Gehl, "Soft Edges in Residential Streets," *Scandinavian Housing and Planning Research* 3 (1986): pp.89 – 102.
5 同上書
6 Jan Gehl, "Public Spaces for a Changing Public Life," *Topos*, no. 61 (2007): pp.16 – 22
7 同上書
8 Miloš Bobić, *Between the Edges: Street Building Transition as Urbanity Interface* (Bussum, the Netherlands: Troth Publisher Bussum, 2004).
9 Michael Varming, *Motorveje i landskabet* (Hørsholm: Statens Byggeforsknings Institut, SBi, byplanlægning, 12, 1970).
10 Jan Gehl, "Close Encounters with Buildings," *Urban Design International*, no. 1 (2006): pp.29 – 47. First published in Danish: Jan Gehl, L. J. Kaefer, S. Reigstad, "Nærkontakt med huse", *Arkitekten*, no. 9 (2004): pp.6 – 21.
11 Jan Gehl, "Close Encounters with Buildings," *Urban Design International*, no. 1 (2006): pp.29 – 47.
12 Jan Gehl, *Public Spaces and Public Life in Central Stockholm* (Stockholm: City of Stockholm, 1990).
13 Jan Gehl, "Close Encounters with Buildings," *Urban Design International*, no. 1 (2006): pp.29 – 47.
14 ラルフ・アースキンと筆者との対談より
15 Jan Gehl, *The Interface Between Public and Private Territories in Residential Areas* (Melbourne: Department of Architecture and Building, University of Melbourne, 1977).
16 同上書
17 Camilla van Deurs, "Med udkig fra altanen: livet i boligbebyggelsernes uderum anno 2005," *Arkitekten*, no. 7 (2006): pp.73 – 80.
18 Jan Gehl, "Soft Edges in Residential Streets," *Scandinavian Housing and Planning Research* 3 (1986): pp.89 – 102.
19 Aase Bundgaard, Jan Gehl and Erik Skoven, "Bløde kanter. Hvor bygning og byrum mødes," *Arkitekten*, no. 21 (1982): pp.421 – 438.
20 Camilla van Deurs, "Med udkig fra altanen: livet i boligbebyggelsernes uderum anno 2005," *Arkitekten*, no. 7 (2006): pp.73 – 80.
21 Christopher Alexander, *A Pattern Language: Towns, Buildings, Constructions* (New York: Oxford University Press, 1977): p.600. 邦訳：クリストファー・アレグザンダー他著、平田翰那訳『パタン・ランゲージ』鹿島出版会、1984、p.317
22 Camilla Damm van Deurs and Lars Gemzøe, "Gader med og uden biler," *Byplan*, no. 2 (2005): pp.46 – 57.

23 Jane Jacobs, *The Death and Life of Great American Cities* (New York: Random House, 1961). 邦訳『アメリカ大都市の死と生』鹿島出版会、2010
24 Jan Gehl, Lars Gemzøe, Sia Kirknæs, Britt Sternhagen, *New City Life* (Copenhagen: The Danish Architectural Press, 2006): p.28.
25 同上書
26 Bo Grönlund, "Sammenhænge mellem arkitektur og kriminalitet," *Arkitektur der forandrer*, ed. Niels Bjørn (Copenhagen: Gads Forlag, 2008): pp.64 – 79. Thorkild Ærø and Gunvor Christensen, *Forebyggelse af kriminalitet i boligområder* (Hørsholm: Statens Byggeforsknings Institut, 2003).
27 Oscar Newman, *Defensible Space: Crime Prevention Through Urban Design* (New York: Macmillan, 1972). 邦訳：O.ニューマン著、湯川利和・湯川聰子訳『まもりやすい住空間』鹿島出版会、1976
28 Peter Newman and Jeffrey Kenworthy, *Sustainability and Cities: Overcoming Automobile Dependency* (Washington, D.C.: Island Press, 1999).
29 Peter Newman, Timothy Beatley, Heather Boyer, *Resilient Cities: Responding to Peak Oil and Climate Change* (Washington D.C.: Island Press, 2009).
30 City of Copenhagen, *Copenhagen City of Cyclists – Bicycle Account 2008* (Copenhagen: City of Copenhagen, 2009).
31 図は2000〜2007年の累積値による。World Health Organization, *World Health Statistics 2009* (France: World Health Organization, 2009).
32 World Health Organization, *World Health Statistics 2009* (France: World Health Organization, 2009).
33 Centers for Disease Control and Prevention: www.cdc.gov/Features/ChildhoodObesity (accessed January 21, 2009).
34 World Health Organization, *World Health Statistics 2009* (France: World Health Organization, 2009).
35 Chanam Lee and Anne Vernez Moudon, "Neighbourhood Design and Physical Activity," *Building Research & Information* (London: Routledge 36:5, 2008): pp.395 – 411.

第 4 章

1 Jan Gehl, "Mennesker til fods," *Arkitekten*, no. 20 (1968): pp.429 – 446. ストロイエにおける歩行速度は2008年に行われた同様の調査で再確認されている。
2 Peter Bosselmann, *Representation of Places: Reality and Realism in City Design* (Berkeley, CA: University of California Press, 1998).
3 Gehl Architects, *Towards a Fine City for People: Public Spaces and Public Life – London 2004* (London: Transport for London, 2004); New York City Department of Transportation, *World Class Streets: Remaking New York City's Public Realm* (New York: New York City Department of Transportation, 2008); Gehl Architects, *Public Spaces, Public Life. Sydney 2007* (Sydney: City of Sydney, 2007).
4 William H. Whyte, pps.org/info/placemakingtools/placemakers/wwhyte (accessed February 8, 2010); John J. Fruin, *Designing for Pedestrians: A level of service concept* (Department of Transportation, Planning and Engineering, Polytechnic Institute of Brooklyn, 1970): p.51.
5 Gehl Architects, *Towards a Fine City for People. Public Spaces and Public Life — London 2004* (London: Transport for London, 2004).

6 Gehl Architects, *Public Spaces and Public Life. City of Adelaide 2002* (Adelaide: City of Adelaide, 2002).

7 Gehl Architects, *Public Spaces, Public Life. Sydney 2007* (Sydney: City of Sydney, 2007).

8 Jan Gehl, "Mennesker til fods," *Arkitekten*, no. 20 (1968): pp.429 – 446. 2008年に行われた同様の調査において再確認されている。

9 Jan Gehl, *Public Space. Public Life in Central Stockholm 1990* (Stockholm: City of Stockholm, 1990).

10 Jan Gehl, *Stadsrum & stadsliv i Stockholms city* (Stockholm: Stockholms Fastighetskontor and Stockholms Stadsbyggnadskontor, 1990).

11 William H. Whyte, *The Social Life of Small Urban Spaces*, film produced by The Municipal Art Society (New York 1990).

12 Jan Gehl, "Soft edges in residential streets," *Scandinavian Housing and Planning Research* 3, (1986): pp.89 – 102; Jan Gehl, *Stadsrum & Stadsliv i Stockholms City* (Stockholm: Stockholms Fastighetskontor. Stockholms Stadsbyggnadskontor, 1991). Jan Gehl, "Close Encounters with Buildings," *Urban Design International*, no. 1 (2006): pp.29 – 47; Camilla van Deurs, "Med udkig fra altanen: livet i boligbebyggelsernes uderum anno 2005," *Arkitekten*, no. 7 (2006): pp.73 – 80.

13 フィラデルフィアのデータ：Gehl Arhcitectsの未刊行資料。パースのデータ：Gehl Architects, *Perth 2009. Public Spaces & Public Life* (Perth: City of Perth, 2009): p.47. ストックホルムのデータ：Gehl Arhcitectsの未刊行資料。コペンハーゲンのデータ：Jan Gehl, Lars Gemzøe, Sia Kirknæs, Britt Sternhagen, *New City Life*, (Copenhagen: The Danish Architetural Press, 2006): p.41. メルボルンのデータ：1993年と2004年：City of Melbourne and Gehl Architects, *Places for People. Melbourne 2004* (Melbourne: City of Melbourne, 2004): p.32. 2009年の数値：Parks and Urban Design, City of Melbourne.

14 Jan Gehl, Lars Gemzøe, Sia Kirknæs, Britt Sternhagen, *New City Life* (Copenhagen: The Danish Architectural Press 2006). City of Melbourne and Gehl Architects, *Places for People. Melbourne 2004* (Melbourne: City of Melbourne, 2004).

15 Joseph A. Salvato, Nelson L. Nemerow and Franklin J. Agardy, eds. *Environmental Engineering*, (Hoboken, New Jersey: John Wiley and Sons, 2003).

16 Jan Gehl et al., "Studier i Burano," *Arkitekten*, no. 18 (1978).

17 Gehl Architects (London 2004)：前掲書. Gehl Architects (Sydney 2007)：前掲書. New York City Department of Transportation (2008)：前掲書.

18 Camillo Sitte, *The Art of Building Cities* (Westport, Conneticut: Hyperion Press reprint 1979 of 1945 version). ドイツ語版原書：Camillo Sitte, *Der Städtebau — künstlerischen Grundsätzen* (Wien: Verlag von Carl Graeser, 1889). 邦訳：C.ジッテ著、大石敏雄訳『広場の造形』鹿島出版会、1983

19 Peter Bosselmann et al., *Sun, Wind, and Comfort: A Study of Open Spaces and Sidewalks in Four Downtown Areas* (Environmental Simulation Laboratory, Institute of Urban and Regional Development, College of Environmental Design, University of California, Berkeley, 1984): pp.19 – 23.

20 Inger Skjervold Rosenfeld, "Klima og boligområder," *Landskap*, vol. 57, no. 2 (1976): pp.28 – 31.

21 Peter Bosselmann, *The Coldest Winter I Ever Spent: The Fight for Sunlight in San Francisco*（ピーター・ボッセルマン制作の記録映画）、1997.

22 サンフランシスコの事例については次の文献を参照のこと。Peter Bosselmann et al., *Sun, Wind, and Comfort: A Study of Open Spaces and Sidewalks in Four Downtown Areas* (Environmental Simulation Laboratory, Institute of Urban and Regional Development, College of Environmental Design, University of California, Berkeley, 1984). Peter Bosselmann, *Urban Transformation* (Washington DC: Island Press, 2008).
23 William H. Whyte, *City: Rediscovering the Center* (New York: Doubleday, 1988). 邦訳：W.H.ホワイト著、柿本照雄訳『都市という劇場』日本経済新聞社、1994
24 The City of New York and Mayor Michael R. Bloomberg, *Plan NYC: A Greener, Greater New York* (New York: The City of New York, 2007).
25 コペンハーゲン市提供の数値による
26 City of Copenhagen, *Copenhagen City of Cyclists – Bicycle Account 2006* (Copenhagen: City of Copenhagen, 2006).
27 Eric Britton and Associates, *Vélib. City Bike Strategies. A New Mobility Advisory Brief* (Paris: Eric Britton and Associates, 2007).

第 5 章

1 コペンハーゲンにおける公共空間と公共アクティビティ調査：1968年調査：Jan Gehl, "Mennesker til fods," *Arkitekten*, no. 20 (1968): pp.429 - 446; 1986年調査: Karin Bergdahl, Jan Gehl & Aase Steensen, "Byliv 1986. Bylivet i Københavns indre by brugsmønstre og udviklingsmønstre 1968–1986," *Arkitekten*, special ed. (1987); 1995年調査：Jan Gehl and Lars Gemzøe, *Public Spaces – Public Life*, 3rd ed. (Copenhagen, The Danish Architectural Press and The Royal Danish Academy of Fine Arts School of Architecture Publishers 2004); 2005年調査：Jan Gehl, Lars Gemzøe, Sia Kirknæs, Britt Sternhagen, *New City Life* (Copenhagen: The Danish Architectural Press, 2006).
2 図中のデータは次の文献による：Gehl Architects, *City to waterfront — Wellington October 2004. Public Spaces and Public Life Study* (Wellington: City of Wellington, 2004). Gehl Architects, *Downtown Seattle Public Spaces & Public Life* (Seattle: International Sustainability Institute, 2009); Gehl Architects, *Public Spaces, Public Life. Sydney 2007* (Sydney: City of Sydney, 2007). Gehl Architects, *Stockholmsförsöket och stadslivet i Stockholms innerstad* (Stockholm: City of Stockholm, 2006); Gehl Architects, *Public Spaces, Public Life. Perth 2009* (Perth: City of Perth, 2009). New York City, Department of Transportation (DOT), *World Class Streets* (New York: DOT, 2009); Gehl Architects, *Towards a Fine City for People. Public Spaces and Public Life — London 2004* (London: Transport for London 2004); City of Melbourne and Gehl Architects, *Places for People. Melbourne 2004* (City of Melbourne, 2004); Jan Gehl, Lars Gemzøe, Sia Kirknæs, Britt Sternhagen, *New City Life* (Copenhagen: The Danish Architectural Press, 2006).
3 プロジェクトの一部は次のURLからダウンロード可能：www.gehlarchitects.dk
4 Jan Gehl and Lars Gemzøe, *Public Spaces, Public Life, Copenhagen*, 3rd ed. (Copenhagen: The Danish Architectural Press and The Royal Danish Academy of Fine Arts School of Architecture Publishers, 2004): p.62.

第 6 章

1 *The Endless City : The Urban Age Project by the London School of Economics and Deutsche Bank's Alfred Herrhausen Society*, eds. Ricky Burdett and Deyan Sudjic (London: Phaidon, 2007): p.9.

2 Population Division of Economic and Social Affairs, United Nations Secretariat, "The World of Six Billion," United Nations 1999, p. 8. www.un.org/esa/population/publications/sixbillion/sixbilpart1.pdf.

3 同上書

4 *The Endless City : The Urban Age Project by the London School of Economics and Deutsche Bank's Alfred Herrhausen Society*, eds. Ricky Burdett and Deyan Sudjic (London: Phaidon, 2007): p.9.

5 Mahabubul Bari and Debra Efroymson, *Dhaka Urban transport project's. after project report: a critical review* (Dhaka: Roads for People, WBB Trust, April 2006). Mahabubul Bari and Debra Efroymson, *Improving Dhaka's Traffic Situation: Lessons from Mirpur Road* (Dhaka: Roads for People, February 2005).

6 Enrique Peñalosa, "A dramatic Change towards a People City — the Bogota Story," keynote address presented at the conference *Walk 21 — V Cities for People*, June 9 - 11, 2004, Copenhagen, Denmark.

7 Barbara Sourthworth, "Urban Design in Action: The City of Cape Town's Dignified Places Programme — Implementation of New Public Spaces towards Integration and Urban Regeneration in South Africa," *Urban Design International*, no. 8 (2002): pp.119 - 133.

8 次の記録作品のために行われたラルフ・アースキンへのインタビュー（未公表）による：Lars Oxfeldt Mortensen, *Cities for People, a nordic coproduction* DR, SR, NRK, RUV, YLE 2000.

参 考 文 献

Alexander, Christopher. *A Pattern Language: Towns, Buildings, Constructions*. New York: Oxford University Press, 1977.(平田翰那訳『パタン・ランゲージ―環境設計の手引―』鹿島出版会、1984)

Bari, Mahabubul, and Debra Efroymson. *Dhaka Urban Transport Projects. After Project Report: A Critical Review*. Roads for People, WBB Trust, April 2006.

Bari, Mahabubul, and Debra Efroymson. *Improving Dhaka's Traffic Situation: Lessons from Mirpur Road*. Dhaka: Roads for People, February 2005.

Bobić, Miloš. *Between the Edges: Street Building Transition as Urbanity Interface*. Bussum, the Netherlands: Troth Publisher Bussum, 2004.

Bosselmann, Peter. *The Coldest Winter I Ever Spent: The Fight for Sunlight in San Francisco*, (documentary), producer: Peter Bosselmann, 1997.

Bosselmann, Peter. *Representation of Places: Reality and Realism in City Design*. Berkeley, CA: University of California Press, 1998.

Bosselmann, Peter et al. *Sun, Wind, and Comfort: A Study of Open Spaces and Sidewalks in Four Downtown Areas*. Environmental Simulation Laboratory, Institute of Urban and Regional Development, College of Environmental Design, University of California, Berkeley, 1984.

Bosselmann, Peter. *Urban Transformation*. Washington D.C.: Island Press, 2008.

Britton, Eric and Associates. *Vélib. City Bike Strategies. A New Mobility Advisory Brief*. Paris: Eric Britton and Associates, November 2007.

Burdett, Ricky and Deyan Sudjic, eds. *The Endless City: The Urban Age Project by the London School of Economics and Deutsche Bank's Alfred Herrhausen Society*, London: Phaidon, 2007.

Centers for Disease Control and Prevention: www.cdc.gov/Features/Childhood Obesity (accessed January 21, 2009).

City of Copenhagen. *Copenhagen City of Cyclists — Bicycle Account 2006*. Copenhagen: City of Copenhagen, 2006.

City of Copenhagen. *Copenhagen City of Cyclists — Bicycle Account 2008*. Copenhagen: City of Copenhagen, 2009.

City of Melbourne and Gehl Architects. *Places for People. Melbourne 2004*. Melbourne: City of Melbourne, 2004.

The City of New York and Mayor Michael R. Bloomberg. *Plan NYC: A Greener, Greater New York*. New York: The City of New York, 2007.

Fruin, John J. *Designing for pedestrians: A level of service concept*. Department of Transportation, Planning and Engineering, Polytechnic Institute of Brooklyn, 1970.

Gehl Architects: www.gehlarchitects.dk.

Gehl Architects. *City to Waterfront — Wellington October 2004. Public Spaces and Public Life Study*. Wellington: City of Wellington, 2004.

Gehl Architects. *Downtown Seattle Public Spaces & Public Life*. Seattle: International Sustainability Institute, 2009.

Gehl Architects. *Perth 2009. Public Spaces & Public Life*. Perth: City of Perth, 2009.

Gehl Architects. *Public Spaces and Public Life. City of Adelaide 2002*. Adelaide: City of Adelaide, 2002.

Gehl Architects. *Public Spaces, Public Life. Sydney 2007*. Sydney: City of Sydney, 2007.

Gehl Architects. *Stockholmsförsöket och stadslivet i Stockholms innerstad*. Stockholm: Stockholm Stad, 2006.

Gehl Architects. *Towards a Fine City for People. Public Spaces and Public Life —London 2004*. London: Transport for London, 2004.

Gehl, Jan. "Close Encounters with Buildings." *Urban Design International*, no. 1, (2006): pp.29 - 47. First published in Danish: Gehl, Jan, L. J. Kaefer, S. Reigstad. "Nærkontakt med huse." *Arkitekten*, no. 9, (2004): pp.6 - 21.

Gehl, Jan. *Life Between Buildings*. The Danish Architecture Press, 1971. Distributed by Island Press.（北原理雄訳『建物のあいだのアクティビティ』鹿島出版会、2011）

Gehl, Jan. "Mennesker til fods." *Arkitekten*, no. 20 (1968): pp.429 - 446.

Gehl, Jan. *The Interface Between Public and Private Territories in Residential Areas*. Melbourne: Department of Architecture and Building, University of Melbourne, 1977.

Gehl, Jan. *Public Spaces and Public Life in Central Stockholm 1990*. Stockholm: City of Stockholm, 1990.

Gehl, Jan. "Public Spaces for a Changing Public Life." *Topos: European Landscape Magazine*, no. 61, (2007): pp.16 - 22.

Gehl, Jan. "Soft Edges in Residential Streets." *Scandinavian Housing and Planning Research* 3, (1986): pp.89 - 102.

Gehl, Jan, A. Bundgaard, and E. Skoven. "Bløde kanter. Hvor bygning og byrum mødes." *Arkitekten*, no. 21, (1982): pp.421 - 438.

Gehl, Jan et al. "Studier i Burano." special ed. *Arkitekten*, no. 18, (1978).

Gehl, Jan, K. Bergdahl, and Aa. Steensen. "Byliv 1986. Bylivet i Københavns indre by brugsmønstre og udviklingsmønstre 1968 - 1986." *Arkitekten*, special ed. no. 12, Copenhagen: 1987.

Gehl, Jan, L. Gemzøe, S. Kirknæs, and B. Sternhagen. *New City Life*. Copenhagen: The Danish Architectural Press, 2006.

Gehl, Jan, and L. Gemzøe. *Public Spaces Public Life, Copenhagen*. 3rd ed. Copenhagen: The Danish Architectural Press and The Royal Danish Academy of Fine Arts School of Architecture Publishers, 2004.

Grönlund, Bo. "Sammenhænge mellem arkitektur og kriminalitet." *Arkitektur der forandrer*, ed. Niels Bjørn, Copenhagen: Gads Forlag, 2008: pp.64 - 79.

Hall, Edward T. *The Silent Language*. New York: Anchor Books/Doubleday, 1973.（國弘正雄訳『沈黙のことば』南雲堂、1966）

Hall, Edward T. *The Hidden Dimension*. Garden City, New York: Doubleday, 1990. 初版 1966.（日高敏隆・佐藤信行訳『かくれた次元』みすず書房、1970）

Jacobs, Jane. *The Death and Life of Great American Cities*. New York: Random House, 1961.（山形浩生訳『アメリカ大都市の死と生』鹿島出版会、2010）

Larrington, Carolyne, trans., *The Poetic Edda*. Oxford: Oxford University Press, 1996.

Le Corbusier. *Propos d'urbanisme*. Paris: Éditions Bouveillier et Cie., 1946. 英語版: Le Corbusier, Clive Entwistle, *Concerning Town Planning*. New Haven: Yale University Press, 1948.

Mayor of London, Transport for London. *Central London. Congestion Charging. Impacts Monitoring. Sixth Annual Report, July 2008*. London: Transport for London, 2008.

Mortensen, Lars O. *Livet mellem husene/Life between buildings*, documentary, nordic coproduction DR, SR, NRK, RUV, YLE, 2000.

Moudon, Anne Vernez, and Lee Chanam. "Neighbourhood Design and Physical Activity." *Building Research & Information* 36(5), Routledge, London (2008): pp.395 - 411.

Newman, Oscar. *Defensible Space: Crime Prevention Through Urban Design*. New York: Macmillan, 1972.（湯川利和・聰子訳『まもりやすい住空間ー都市設計による犯罪防止ー』鹿島出版会、1976）

Newman, Peter, T. Beatley, and H. Boyer. *Resilient Cities: Responding to Peak Oil and Climate Change*. Washington D.C.: Island Press, 2009.

Newman, Peter, and Jeffrey Kenworthy. *Sustainability and Cities: Overcoming Automobile Dependency*. Washington: Island Press, 1999.

New York City Department of Transportation. *World Class Streets: Remaking New York City's Public Realm*. New York: New York City Department of Transportation, 2008.

Peñalosa, Enrique. "A dramatic change towards a people city — the Bogota story," keynote address presented at the conference *Walk 21 — V Cities for People*, June 9 – 11, 2004, Copenhagen, Denmark.

Population Division of Economic and Social Affairs. United Nations Secretariat: "The World of Six Billion," United Nations (1999). www.un.org/esa/population/publications/sixbillion/sixbilpart1.pdf.

Rosenfeld, Inger Skjervold. "Klima og boligområder." *Landskap*, vol. 57, no. 2, (1976): pp.28 - 31.

Salvato, Joseph A., Nelson L. Nemerow, and Franklin J. Agardy, eds. *Environmental Engineering*, Hoboken, New Jersey: John Wiley & Sons, 2003.

Sitte, Camillo. *The Art of Building Cities*. Westport, Connetikut: Hyperion Press, reprint 1979 of 1945 version. ドイツ語版原書: Camillo Sitte. *Der Städtebau — künstlerischen Grundsätzen*. Wien: Verlag von Carl Graeser, 1889.（大石敏雄訳『広場の造形』鹿島出版会、1983）

Sourthworth, Barbara. "Urban design in action: The City of Cape Town's Dignified Places Programme — Implementation of New Public Spaces towards Integration and Urban Regeneration in South Africa." *Urban Design International* no.8, (2002): pp.119 - 133.

Statistics Denmark, 2009 numbers, statistikbanken.dk.

Tilley, A.R. and Henry Dreyfuss Associates. *The Measure of Man and Woman. Human Factors in Design*. revised edition. New York: John Wiley & Sons, 2002.

van Deurs, Camilla Damm. "Med udkig fra altanen: livet i boligbebyggelsernes uderum anno 2005." *Arkitekten*, no. 7 (2006): pp.73 - 80.

van Deurs, Camilla Damm, and Lars Gemzøe. "Gader med og uden biler."

Byplan, no. 2 (2005): pp.46 – 57.

van Deurs, Camilla Richter-Friis. *uderum udeliv*. Copenhagen: The Royal Danish Academy of Fine Arts School of Architecture Publishers (2010).

Varming, Michael. *Motorveje i landskabet*. Hørsholm: Statens Byggeforsknings Institut, SBi, byplanlægning, p.12, 1970.

Whyte, William H. *City: Rediscovering the Center*. New York: Doubleday, 1988. (柿本照夫訳『都市という劇場－アメリカン・シティ・ライフの再発見－』日本経済新聞社、1994)

Whyte, William H. *The Social Life of Small Urban Spaces*. Film produced by The Municipal Art Society of New York, 1990.

Whyte, William H. quoted from web site of Project for Public Spaces: pps.org/info/placemakingtools/placemakers/wwhyte (accessed February 2, 2010).

World Health Organization. *World Health Statistics 2009*. France: World Health Organization, 2009.

Ærø, Thorkild, and G. Christensen. *Forebyggelse af kriminalitet i boligområder*. Hørsholm: Statens Byggeforsknings Institut, 2003.

図版出典

写真
Tore Brantenberg　p.072中段, p.139
Adam Brandstrup　p.118中段
Byarkitektur, Århus Kommune
　　p.024左
Birgit Cold　p.040 中段
City of Malmø　p.209右上
City of Melbourne　p.186上中・右上・
　　右下・左下, p.187左
City of Sydney　p.106右上
Department of Transportation, New
　　York City　p.019右・左, p.198
Hans H. Johansen　p.216中段
Troels Heien　p.018中段
Neil Hrushowy　p.016中段
Brynjólfur Jónsson　p.059
Hafen City　p.201
Heather Josten　p.216下
Peter Schulz Jørgensen　p.036左
Jesper Kirknæs　p.221
Gösta Knudsen　p.024右
Daniel Kukla　p.003
Paul Moen　p.077右
Kian Ang Onn　p.062右上
Naja Rosing-Asvid　p.168中段
Paul Patterson　p.106右上
Project for Public Spaces　p.025下
Solvejg Reigstad　p.162下, p.174下
Jens Rørbech　p.020左上, p.030左
Ole Smith　p.108左
Shaw and Shaw　p.023右・左
Barbara Southworth　p.233, p.234
　　右上
Michael Varming　p.214左
Bjarne Vinterberg　p.100上
上記以外の写真　Jan Gehl and Gehl
　　Architects

図面
Le Corbusier　p.012
©2010 Artists Rights Society (ARS),
New York / ADAGP, Paris / F.L.C.
上記以外の図面　Camilla Richter-
Friis van Deurs

訳者あとがき

　コペンハーゲンが都心の目抜き通りストロイエを歩行者街路にしたのは1962年11月のことである。そのころ日本は高度経済成長のただなかにあり、東京では2年後に迫ったオリンピックに備えて、あちこちで道路の拡幅と建設が進められ、高架の高速道路が頭上を覆いつつあった。街の主役は自動車であり、片隅に追いやられた歩行者に目が向けられるのは1960年代末になってからである。
　車社会への対応を迫られていたのは日本だけではない。デンマークも同様であり、1960年代初頭、旧市街地を横断するストロイエでは交通渋滞が慢性化していた。急増する自動車に対応して自動車のための空間を拡充する。世界中の多くの都市がその処方箋を採用したが、コペンハーゲンは別の道を選んだ。目抜き通りから自動車を閉めだし、歩行者の空間にする。この一見時代に逆行する選択には反対論も少なくなかったが、結果は大成功だった。ストロイエは多くの人びとで賑わい、商店街も活性化した。
　街の主役は人間である。コペンハーゲンの公共空間整備に当初からかかわってきたヤン・ゲールは、街は「人びとが歩き、立ち止まり、座り、眺め、聞き、話すのに適した条件を備えていなければならない」と言っている。人びとが街で時を過ごし、さまざまな交流が生まれて、はじめて街は生き生きした輝きを放つことができる。
　コペンハーゲンの半世紀にわたる努力を見て改めて痛感するのは、目標に向かって一歩ずつ着実に、継続して取り組みを進めることの大切さである。歩行者と自転車のための環境を整え、車依存のライフスタイルを少しずつ切り替えていく。私たちには、そのための持久力が必要である。また、コペンハーゲンではデンマーク王立芸術大学の手で、1968年からほぼ10年おきに街のアクティビティ調査が行われてきた。こうした体系的な調査は、都市空間整備の影響を明らかにし、本当の意味での計画・実践・評価・改善のサイクルを支える大きな力になる。

　本書は、Jan Gehl, *Cities for People*, Island Press, Washington, DC, 2010の全訳である。
　ヤン・ゲールが1971年に*Life between Buildings*（拙訳『建物のあい

だのアクティビティ』鹿島出版会）の初版を世に送りだしたとき、「人間の街」のデザインは欧米の先進都市における実験的試みでしかなかったが、その後、1980年代にかけて大きな流れになって各地に波及した。ゲールの活動範囲は北欧から世界へと広がり、ヨーロッパ各国だけでなく、オーストラリアや米国西海岸の諸都市で多くのプロジェクトを手がけるようになった。SD選書に収められている2006年版の『建物のあいだのアクティビティ』は、初版以後の著者の経験を踏まえて実践理論を整理し、各地のプロジェクトの成果を一部組み込んだものになっている。

　本書は、さらにニューヨークのブロードウェイで行った歩行者空間整備の試み、クリティバやボゴタにおける創意あふれる総合交通体系の整備など、最新成果を豊富に加え、人間の尺度と行動を出発点に据えた計画とデザインの実践理論を具体的かつ明快に体系化している。さらに、アジアや中南米のプロジェクト経験に基づき、第三世界における都市空間デザインに1章を充て、固有の課題と可能性を論じている。また、歩行者と併せて自転車のための環境整備を重視し、その考え方とデザインを詳述しているのも本書の大きな特色である。

　いま私たちは、地球環境の危機、度重なる災害、経済構造の変化、少子高齢社会の進行など、さまざまな難問を抱えながら、21世紀の都市環境をより豊かなものにしようと苦闘している。その指針になるのは、20世紀後半の都市開発を先導した進歩と成長のモデルではない。求められているのは、生き生きした安全で持続可能で健康的な街である。本書は、グローバルな視野に立ちつつ、地域の特性を踏まえた計画とデザインのあり方を説き、実践に裏づけられた総合的な理論に基づいて「人間の街」をきめ細かく整備する道筋をわかりやすく示してくれている。

　なお、原書はフルカラーだが、日本の出版事情では高価になりすぎるため、著者の同意を得て訳書はモノクロ版にした。できるだけ多くの読者の手もとに届くよう、苦渋の決断をされたヤン・ゲールさんにこの場を借りて感謝します。一方、鹿島出版会には、当初A5判で企画していた訳書を、著者の強い希望に応えてB5判に改めていただきました。契約のやり直しを含む煩雑な仕事を快くこなし、遅れがちな翻訳に辛抱強くつきあい、適切な助言をしてくださった鹿島出版会の渡辺奈美さんに心からお礼申し上げます。

2013年12月
北原理雄

索　引

イタリック体の数字は図版のページを示す

あ

灯り　106, 107
アーケード　173
アーケルブリッゲ, オスロ　25, 65, 77, 81
アースキン, ラルフ　65, 90, 158, 163, 208, 238
アスコリピチェノ, イタリア　40
温かい街　60, 61
アデレード, オーストラリア　88, 132, 207, 208
アトランタ, ジョージア州　118
アバディーン, スコットランド　149
アムステルダム, オランダ　181, 195
『アメリカ大都市の死と生』(ジェイコブズ著)　11, 105
歩く　14, 21, 23, 27, 35, 50, 75, 85, 101, 114, 121, 122, 124, 126, 127-141, 169
　→歩行者, 歩道
アルミール, オランダ　111, 210
アレグザンダー, クリストファー　96
安全　14, 27, 99-111, 194, 197
アンダーソン, スヴェン=イングヴァル　59
アンマン, ヨルダン　56, 106, 127, 222
生き生きした街　14, 70, 71-97, 117, 166
移行ゾーン　111, 153
1階のデザイン　49, 85-90, 96, 107, 137, 159, 212, 213, 248
移動　40, 46, 142
イドラ, ギリシア　170, 175
ヴァンクーヴァー, カナダ　35, 211, 212
ヴェネツィア, イタリア　20, 29, 37, 53, 62, 73, 75, 78, 79, 103, 115, 123, 138, 151, 160, 166, 181, 243
ヴェリブ　196
ウェリントン, オーストラリア　218
ヴォーバン, フライブルク　65, 210
運動　120, 121-123, 166-169
エッジ　82, 83-96, 107, 108, 111, 137, 145-147, 153, 210
エッジ効果　144, 145
『エッダ』　33
エネルギー消費　112, 113
屋外活動　29, 91, 225, 227
オスロ, ノルウェー　25, 65, 80, 81, 90, 182, 183, 216, 244
オーフス, デンマーク　24

か

階段　58, 136, 137-140
会話景観　162, 163
『かくれた次元』(ホール著)　41, 55
ガソリン消費量　112
カルタヘナ, コロンビア　135
感覚　41-61, 86
カンポ広場, シエナ　46, 147, 168, 171, 173, 185, 246
聞く　31, 42, 156, 159, 244
気候　29, 154, 176-183
　→広域気候, 局所気候, 天候
競技場　43
京都　60
恐怖　37, 98, 104
局所気候　83, 95, 148, 176, 182
距離　41-46, 54, 55-58, 75, 109, 129, 134-135, 163
銀山温泉, 山形県　171
近代主義　11, 12, 13, 34, 64, 204, 206, 213
空間の質　170-175
グーディエム, デンマーク　180
窪み効果　147
クラークスデイル, ミシシッピ州　34
クリティバ, ブラジル　228
車止めの柱　147, 173
劇場　44
ケープタウン, 南アフリカ　94, 114, 210, 232, 233-235

健康　15, 118, 119-124, 166
ケンブリッジ, マサチューセッツ州　134
広域気候　176
公共空間　11, 14, 21-25, 37, 57, 64, 71, 83, 106, 109, 117, 139, 142, 159, 165, 189, 208, 217, 225, 234, 244, 246
公共交通　15, 19, 114, 115, 117, 142, 225, 230
公共交通指向型開発　115
高層建物　48, 49, 76, 108, 179, 180, 181, 211, 214
高速バス輸送　228-232
交通計画　27, 101, 242
交通再編　242
交通事故　99, 197, 227
交通渋滞　16, 19
交通と安全　99-103
交通統合　243
コスタ, ルチオ　204
コペンハーゲン, デンマーク　18, 19, 20, 21, 29, 33, 36, 37, 72, 76, 79, 80, 81, 84, 87, 89, 92, 93, 100, 102, 106, 107, 110, 112, 115, 120, 121, 128, 129, 131, 132, 133, 134, 135, 137, 151, 154, 158, 161, 172, 174, 178, 183, 190, 191, 192, 193-196, 214, 217, 218, 219, 250, 251, 252, 253
コミュニケーション　35, 49, 55-61, 109, 160, 161, 163
コルドバ, アルゼンチン　251
コルドバ, スペイン　150
混合交通　101

さ

サヴァンナ, ジョージア州　208
サウスワース, バーバラ　233
サム, クロース　208, 209
ザンクトペルテン, オーストリア　174, 188
ザンジバル, タンザニア　40, 224
サンティアゴアティトラン, グアテマラ　64
サンドヴィーケン, スウェーデン　208
サンフランシスコ, カリフォルニア州　16, 17, 181, 185, 190
サンホセ, コスタリカ　114
三輪自転車　195
シアトル, ワシントン州　218
ジェイコブズ, ジェイン　11, 34, 105
死海, ヨルダン　67
視覚　42-53
視覚障壁　43
視覚的質　184-189
シクロビア　198, 231, 232
自己表現　166-169
持続可能性　15, 36, 112, 113-117, 200
ジッテ, カミロ　171
質的基準　246
シティバイク　195-197
自転車横断路　196
自転車交通　19, 101, 113, 115, 197-200, 225-226, 227
自転車事故　194, 197
自転車都市　190, 195
自転車文化　18, 19, 197-199
自転車利用　14, 19, 98, 99, 15, 121, 123, 124, 190-200
自転車レーン　99, 102, 191, 195
自転車路　99, 112, 113, 191, 194, 196, 229, 230
自動車交通　11, 12, 14, 16, 17, 21, 63, 130, 193, 198
自動車交通抑制策　13, 242
自動車とエネルギー消費　113
自動車の侵入　13, 34, 100, 130, 139
自動車のスケール　51, 63
シドニー, オーストラリア　29, 76, 94, 106, 107, 121, 130, 131, 132, 151, 163, 198, 218, 251, 252, 253
社会活動　26, 29, 30, 36, 71, 128
社会的視界　43, 46
上海, 中国　16
ジャカルタ, インドネシア　95
斜路　138, 139
集中　73, 240
照明　141, 188
ジョグジャカルタ, インドネシア　143
シンガポール　62
身障者用自転車　195
スカールネク, スウェーデン　208, 209
スケール　41-67, 126, 170-175, 203-205, 206-217
ストックホルム, スウェーデン　49, 57,

88, 89, 148, 154, 158, 218, 248
ストラスブール, フランス　31
座る場所　148-153
世界人口　222, 223
狭い間口　84, 85, 137, 210
仙台　140
騒音レベル　15, 160, 161
総合交通対策　115, 192, 193
ソウル, 韓国　19
速度　50, 128

た

体験空間　40, 46
第三世界の都市　143, 199, 225-235
滞留　20, 21, 23, 24, 29-30, 46, 79, 80, 142-155, 219
ダッカ, バングラデシュ　199, 224, 226
建物のあいだのアクティビティ　12, 27, 33
ダブリン, アイルランド　49
玉石舗装　140
知覚　41-43, 50-51, 135
地下歩道　139, 141
地形　179, 185, 190
チチャステナンゴ, グアテマラ　222
千葉　56
チューリヒ, スイス　129, 141, 252
長沙, 中国　84
眺望　148, 156
『沈黙のことば』(ホール著)　41
通勤・通学　18, 19, 115, 190
出会いの場所　11, 27-38, 156-165
ティブロ, スウェーデン　208
TOD　→公共交通指向型開発
テビー, スウェーデン　12
デルフト, オランダ　243
天候　28, 128, 176
　　→気候
東京　29, 94, 160, 252
ドゥバイ, アラブ首長国連邦　53, 205
都市空間と芸術　187
『都市という劇場』(ホワイト著)　185
徒歩　→歩く
トランスミレニオ　229, 231

な

名古屋　252
ニューアーバニズム　208
ニューオリンズ, ルイジアナ州　94
ニューカッスル, 英国　65, 208
ニューマン, オスカー　110
ニューヨーク, ニューヨーク州　15, 19, 29, 30, 37, 57, 70, 76, 84, 96, 120, 121, 129, 130, 153, 163, 188, 198, 218, 232, 250, 251
任意活動　26, 28, 29, 30, 142
人間景観　217
人間のスケール　51, 63, 65, 66, 67, 89, 203-204, 206-217
ヌーク, グリーンランド　12, 168

は

パース, オーストラリア　60, 154, 218, 219
『パタン・ランゲージ』(アレグザンダー著)　96
ハッセルト, ベルギー　152
話す　156, 159
ハノイ, ヴェトナム　84, 224
パリ, フランス　17, 25, 55, 66, 77, 153, 163, 196, 215, 216
バルセロナ, スペイン　43, 173
ハーレン, オランダ　100
ハンブルク, ドイツ　151
ピアノ効果　145
BRT　→高速バス輸送
ピッツバーグ, ペンシルヴェニア州　129
必要活動　26, 28, 29, 30, 142
肥満症　118, 119
ビルバオ, スペイン　216, 253
広場　46, 81, 145, 161, 165, 173, 229
ファルム, デンマーク　60
フィラデルフィア, ペンシルヴェニア州　154, 208
ブライトン, 英国　23, 242
フライブルク, ドイツ　114
ブラジリア, ブラジル　66, 202, 203-205
ブリズベーン, オーストラリア　112, 129, 253
フリーマントル, オーストラリア　67

272

フレデリクスベル, デンマーク　93, 108
分散　73, 240
北京, 中国　43, 78, 104, 138, 168, 177, 223, 225
ペニャロサ, エンリケ　229
ボー01住宅群, マルメ　47, 65, 209, 240
歩行　→歩く
歩行距離　14, 21, 129
歩行者交通　20-25, 27-30, 37, 71, 123, 126, 127-141
歩行者(専用)街路　20, 21, 79, 101, 113, 128, 161, 163, 229, 242, 244
歩行者優先街路　20, 100, 172, 242
歩行心理学　135
ボゴタ, コロンビア　94, 115, 117, 198, 200, 229-232
歩車共存街路　242
歩車分離　242, 243
ボッセルマン, ピーター　181
歩道　27, 112, 131-132
歩道カフェ　31, 33, 153-155, 173, 183
歩道橋　139, 140
ポートランド, オレゴン州　19, 184
ホバート, オーストラリア　213
ホール, エドワード　41, 55
ポルトフィーノ, イタリア　40, 170
ホワイト, ウィリアム　131, 151, 185
ボンエルフ　101, 242, 243

ま

街のアクティビティ調査　80, 163, 217-220
街のファニチュア　151, 152, 162, 163
『まもりやすい住空間』(ニューマン著)　110
マラケシュ, モロッコ　127
マルメ, スウェーデン　47, 65, 209, 240
密度　76-77, 91, 213
緑の波　195, 196
ミドルズブラ, 英国　84, 131
見る　31, 156, 244
ミルウォーキー, ウィスコンシン州　19
メキシコシティ, メキシコ　121, 200
メルボルン, オーストラリア　12, 21, 22, 23-24, 29, 38, 88, 90, 91, 121, 153, 154, 159, 186, 187, 188, 198, 216, 218
モントリオール, カナダ　56, 94
モンパジエ, フランス　207

や

誘引　20, 21, 25, 29, 142, 244
ユーロリール, フランス　66, 174

ら

ライト, ウィリアム　208
ラドバーン, ニュージャージー州　243
ランズクローナ, スウェーデン　180, 208
リガ, ラトヴィア　251
リマ, ペルー　104
領域　109-111
リヨン, フランス　29, 188, 197
輪タク　199, 226
ルッカ, イタリア　127
レイキャヴィク, アイスランド　59, 155, 176
レルネル, ジャイメ　228
ロサンゼルス, カリフォルニア州　243
ロッテルダム, オランダ　181
ローマ, イタリア　50, 139, 142, 143, 171
ロンドン, 英国　16, 19, 29, 96, 108, 129, 130, 132, 142, 143, 159, 160, 163, 171, 218, 251, 252, 253

わ

ワークショップ　58
ワシントン, D. C.　178

著者
ヤン・ゲール（Jan Gehl）
1936年生まれ。1960年デンマーク王立芸術大学建築学部卒業。
米国、カナダ、メキシコ、オーストラリア、ヨーロッパ各国で
研究・教育・実践に携わり、王立芸術大学建築学部教授を経て、
現在、ゲール・アーキテクツ主宰。
1993年すぐれた都市計画業績に対して贈られる
国際建築家連合のパトリック・アバークロンビー賞を受賞。
著書：『建物のあいだのアクティビティ』『公共空間と公共アクティビティ』
『新しい都市空間』『新しい都市アクティビティ』
『パブリックライフ学入門』ほか。

訳者
北原理雄（きたはら・としお）
1947年生まれ。東京大学工学部都市工学科卒業。同大学院修了。
名古屋大学助手、三重大学助教授、千葉大学大学院教授を経て、
同大学名誉教授。工学博士。
著書・訳書：『都市設計』『都市の個性と市民生活』
『公共空間の活用と賑わいまちづくり』『生活景』（いずれも共著）、
G.カレン『都市の景観』、J.ゲール『建物のあいだのアクティビティ』
A.マタン＋P.ニューマン『人間の街をめざして』、D.シム『ソフトシティ』
（ともに鹿島出版会）ほか。

人間の街　公共空間のデザイン

2014年 3月15日　第1刷発行
2021年11月30日　第6刷発行

訳　者　北原理雄
発行者　坪内文生
発行所　鹿島出版会
　　　　〒104-0028　東京都中央区八重洲2-5-14
　　　　電話03-6202-5200　振替00160-2-180883

印刷・製本：壮光舎印刷　　DTP：ホリエテクニカル　　装幀：伊藤滋章

落丁・乱丁本はお取り替えいたします。
本書の無断複製（コピー）は著作権法上での例外を除き禁じられています。
また、代行業者等に依頼してスキャンやデジタル化することは、
たとえ個人や家庭内の利用を目的とする場合でも著作権法違反です。

©Toshio KITAHARA 2014, Printed in Japan
ISBN978-4-306-04600-9　C3052

本書の内容に関するご意見・ご感想は下記までお寄せ下さい。
URL: http://www.kajima-publishing.co.jp/
e-mail: info@kajima-publishing.co.jp